节气里的生物密码

重庆市教育科学研究院　编著

主　编：吕涛　副主编：刘慧琪　李家启

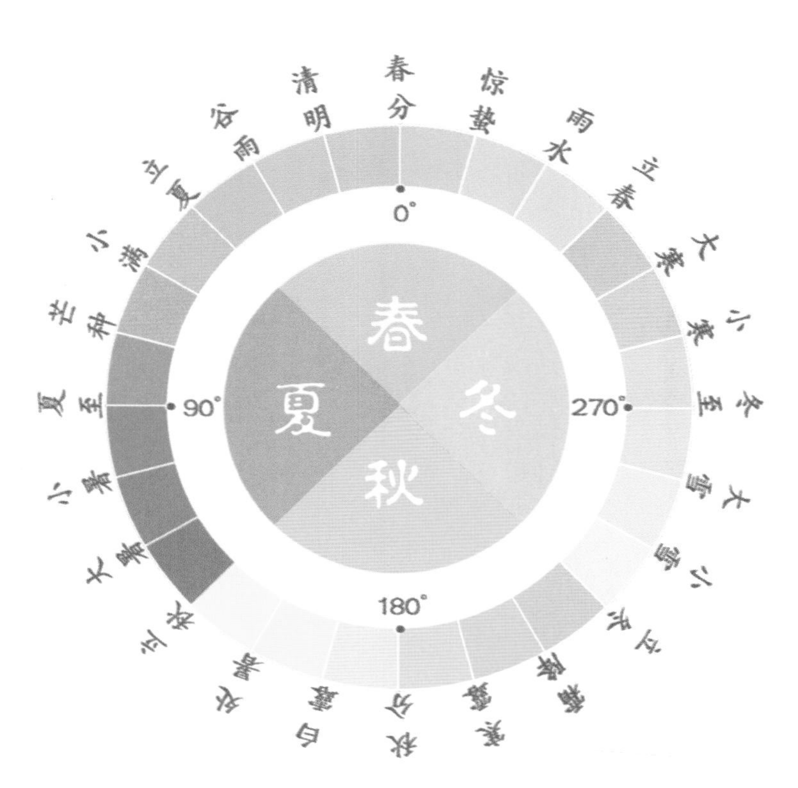

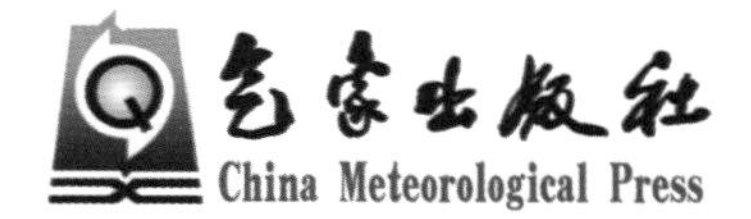

内容简介

本书聚焦二十四节气的物候特征，融入重庆地区的气候特点和特有动植物资源，从生物学的视角引导学生去寻找身边的二十四节气变化，用自己真实的体会去验证古人的发现。每个节气分为节气概述、走近三候和拓展视野三个版块，其中设计了丰富多彩的动手动脑活动，希望同学们能够在活动中感悟节气、透过节气体会古代劳动人民的智慧。

本书可以是中学生了解传统文化二十四节气的读本，也可以是生物教师开设选修课的素材。

图书在版编目（CIP）数据

节气里的生物密码 / 重庆市教育科学研究院编著
. -- 北京：气象出版社，2019.4（2024.3重印）
ISBN 978-7-5029-6912-7

Ⅰ.①节… Ⅱ.①重… Ⅲ.①二十四节气－青少年读物 Ⅳ.①P462-49

中国版本图书馆CIP数据核字（2019）第049509号

Jieqi Li de Shengwu Mima

节气里的生物密码

重庆市教育科学研究院　编著

出版发行：气象出版社

地　　址：北京市海淀区中关村南大街 46 号　　**邮政编码**：100081

电　　话：010－68407112（总编室）　010－68408042（发行部）

网　　址：http://www.qxcbs.com　　**E-mail**：qxcbs@cma.gov.cn

责任编辑：吴晓鹏　　**终　　审**：张　斌

责任校对：王丽梅　　**责任技编**：赵相宁

封面设计：楠竹文化

印　　刷：北京中科印刷有限公司

开　　本：880mm × 1230mm　1/16

字　　数：228 千字　　**印　　张**：13

版　　次：2019 年 4 月第 1 版　　**印　　次**：2024 年 3 月第 2 次印刷

定　　价：48.00 元

《节气里的生物密码》编委会

主　　编：吕　涛

副 主 编：刘慧琪　李家启

编　　者：吕　涛　刘慧琪　郭宇光　张爱萍　王思政
李　玲　肖祖讯　戴　旭　吴　涤　甘江莺
韩　莉　陶永平　陆　珊　罗　孟　周心渝
张玉菱　钟　娟　唐晓梅　王　婧　代　雪
张梦芸　刘　欢　赵　隽　向　敏　禹云霜
林艳华　陈小刚　董聪亮　邱　杰　孙　晶
刘甜甜　敖　婷　张　飞　郭若水　王远谋

序 一

去年3月中旬，十城市教研协作体交流研讨会在重庆召开，我应邀到会做报告。会议期间，重庆市教科院的生物教研员吕涛老师同我谈起她近年来带领生物老师们开展的一个项目：以二十四节气为主线开发初中生物学实践活动课程。我当时有点不解，问道：二十四节气主要是针对黄河流域说的，重庆的气候对得上吗？她说：当然不是机械地去对应，主要是借这个线索，让学生去深入探究生物与环境的关系，同时加强对地方动植物资源的了解，进行家国情怀教育。听她认真解释后，我才觉得这个项目很值得做，不过难度确实不小！

让我没有想到的是，才过去大半年的时间，吕老师就告诉我，她和老师们共同努力的成果要结集出版了！她和项目团队的老师们希望我能为这本书写序。我觉得这是老师们对我的厚爱，同时也是我向一线教师学习的好机会，于是欣然接受了这个任务。

收到书稿后，先大致翻阅一下，就不禁被全书图文并茂的版面所吸引。再细读下去，愈发为本书丰厚的文化内涵、鲜明的地方特色、丰富的活动设计所折服，为作者团队的教育情怀、创新智慧和辛勤付出所感动。

说本书具有丰厚的文化内涵，是因为它不仅围绕二十四节气，介绍了我国特别是重庆地区丰富多彩的节令文化，而且展现了我国劳动人民善于观察自然、总结自然规律的文化传统，反映了中华传统文化中热爱自然、尊重自然、顺应自然、倡导人与自然和谐共生的价值理念。每个节气都选了一首古诗作为开篇导引，如张栻的《立春偶成》、杜甫的《春夜喜雨》等，引导学生在浓厚的诗书文化氛围中展开对相关节气知识的学习。在介绍每个节气的内容中都安排了《走近三候》栏目，对《逸周书·时训解》中描述的各节气典型物候现象做了通俗的解释，让学生在了解相关物候的同时，也能领略我国古人对物候特征的仔细观察和精辟概括，还能增进学生的文字修养。此外，结合每个节气中动植物的生长情况，还介绍了我国特别是重庆地区丰富多彩的饮食文化、中医药文化等。相信读了此书，学生会深刻体会到二十四节气凝聚了我国先民的聪明智慧，体现了中华文化的博大精深，被列入联合国教科文组织人类非物质文化遗产名录实乃顺理成章之事。从这个意义上说，本书对传承和弘扬中华优秀传统文化、培育学生的文化自信大有裨益！

说本书具有鲜明的地方特色，是因为它不仅对二十四节气在重庆地区的气候和物候特点做了较为全面的介绍，而且介绍了许多重庆地区常见的动物和植物及其与人类的关系，还介绍了重庆各区县独具特色的节令文化。例如，在《雨水》一章中，结合对鸟类迁徙行为的讲述，介绍了重庆地区常见的留鸟、夏候鸟、冬候鸟以及重庆本地特色观鸟资源；在《惊蛰》一章中，以图文结合的形式介绍了美人梅、桃花等多种花卉植物的形态，还特别介绍了它们在重庆的花期和观赏地点；在《谷雨》一章中，重点介绍了“谷雨三朝看牡丹”，并且将重庆垫江作为牡丹之乡和丹皮之乡隆重推出。在其他章节还介绍了龙眼之乡丰都、柠檬之都潼南、蜡梅之乡北碚等。可贵的是对这些重庆动植物资源的介绍，不是干巴巴的陈述，而是洋溢着对重庆这一方水土的热爱和自豪。我想这对于学生来说，无疑是热爱家乡的教育，是对家国情怀的滋养和提升。

至于本书中丰富多样的学生活动，我觉得这可以说是本书最让人刮目相看之处。我粗粗数了一下，动手制作类活动有近二十项，观察和探究类活动有十六七项。制作清明粑粑，植物敲拓染，制作蜜炼枇杷膏，制作青花椒油，制作辣白菜，制作腊八蒜等，能培养学生的实践能力和劳动观念。植物蜡叶标本的采集和制作，则弥补了教材中删去这一技能性活动的不足，能培养学生的生物学基本技能。制作种子贴画，制作银杏叶片贴画等，则能培养学生的创意思维和审美情趣。十多项观察和探究活动，有的是初中生物学课本内容的补充和延伸（如探究鸡卵外形对陆生生活的适应，观察水稻、小麦根的横切结构等），有的则与高中生物学课程相衔接（如观察和解剖豌豆花，对豌豆花进行人工授粉，观察豌豆的相对性状，观察叶片中的色素等），这些活动都能提高学生的观察和探究能力，并且为高中生物学课程的学习打下较好的基础。

近年来，教育部在一系列文件中强调实践育人的重要性。去年召开的全国教育大会又提出加强劳动教育。本书中安排丰富多样且趣味盎然的实践活动，正是落实实践育人和加强劳动教育的具体举措。相信通过这些实践活动，学生的综合能力会得到提升，意志品质会得到锻炼，情感体验会进一步丰富，劳动观念会得到加强。

“寻常一样窗前月，才有梅花便不同”。值此春回大地之际，愿这本凝聚了重庆市众多生物老师心血的好书，和作者团队开发的生物学实践活动课程，像重庆校园里常见的美人梅一样，在基础教育的园地里绽放异彩，让学生的生命成长因它而不同！

赵占良

2019年2月15日于北京

赵占良，人民教育出版社副总编辑，中国教育学会生物学教学专业委员会理事长，人教版中学生物学教材主编。

序 二

“暾将出兮东方，照吾槛兮扶桑。抚余马兮安驱，夜皎皎兮既明……”《九歌·东君》是祭祀日神之诗，地球万物生长离不开太阳，太阳驱动大气、洋流和水分循环，太阳与天气塑造我们的心情和日常活动，也是音乐、绘画、摄影等艺术的灵感源泉。中国古代先民在几千年来的生产生活实践中，通过对太阳与天气变化规律的观察，总结出了始于立春、终于大寒周而复始的二十四节气，这是中华民族传统文化中的伟大结晶。

在我国，古人以“五日为候，三候为气，六气为时，四时为岁，每岁二十四节气，七十二候应”，因此，节气和候应演化成了“气候”一词。二十四节气，起源于春秋时期，是古人根据地球在黄道上的位置变化而制定的，反映了太阳对地球产生的影响，充分体现了中国人尊重自然、效法自然、顺应自然、利用自然的观念。2016 年 11 月 30 日，二十四节气被正式列入联合国教科文组织人类非物质文化遗产代表作名录，被誉为“中国的第五大发明”。

“柳色早黄浅，水文新绿微。”

“四时天气促相催，一夜薰风带暑来。”

“云天收夏色，木叶动秋声。”

“立冬千树思南国，屋角芭蕉雨打残。”

……

作为中华民族悠久历史文化的精华之一，C 位出道的二十四节气，在文人骚客的传颂下自带流量明星气质，并带火了周边，与其相关的诗歌、对联、农业谚语、二十四番花信风不断丰富了它的底蕴和内涵。

二十四节气名称可分为四类：第一类是反映季节，四时八节即属于此；第二类反映气温变化，有小暑、大暑、处暑、小寒、大寒五个节气；第三类反映天气现象，有雨水、谷雨、白露、寒露、霜降、小雪、大雪；第四类反映物候现象，有惊蛰、清明、小满、芒种等。二十四节气的相关科普读物和画册，已出版较多并各具特色，《节气里的生物密码》聚焦二十四节气中的物候特征，从生物学的角度进行解读，是二十四节气科普体系的有益补充，为丰富公众的认知，特别是提升学生的核心素养打开了一扇新的窗户。

该书图文并茂，内容上通俗易懂，形式上注重互动，且二十四个节气各自成章，以横向、纵向时间轴介绍各节气的气候特征、三候的物候规律、天气气候条件影响下的典型动物行为特征和植物应对反应，以及适宜该节气的拓展活动等，是极好的中学生物学教学参考用书。值得一提的是，该书极具普适性，又有重庆地域特色，在客观解释二十四节气和七十二候的基础上，突出了对重庆地区的气候和物候特点现象的描述，意在引导读者关注身边的物候变化，关注这个山水之城、美丽之地，共推绿色发展。

在本书即将付梓印刷之际，适逢第59个世界气象日（主题“太阳、地球和天气”），作此序谨表衷心的祝贺！

重庆市气象局局长

2019年3月23日

前　言

二十四节气是中国古代先民通过观察太阳周年运动，认知一年之中时令、气候、物候的规律及变化所形成的知识体系和社会实践。它把太阳周年视运动轨迹划分为24等份，每一等份为一个节气，始于立春，终于大寒，周而复始。它实现了天文、气象、物候、农事和民俗完美的结合，衍生了大量与之相关的岁时节令文化，是中华民族传统文化的重要组成部分。2016年11月30日，二十四节气被列入联合国教科文组织人类非物质文化遗产代表作名录。

21世纪的今天，随着城市化进程加快和现代化农业技术的发展，二十四节气对于农事的指导功能逐渐减弱，但它对人们的生产生活仍然发挥着一定的指导作用。如我们依旧能感受到惊蛰打雷、春分燕归来、大暑暑气冒，会在清明踏青、冬至吃饺子，会根据节气增减衣服、改善饮食、吃时令水果、对植被进行护理等。二十四节气是我国先民通过对自然现象的长期观察、记录、提炼、总结其规律，一步步探索自然奥秘形成的代代相传的生存智慧，充分体现了中国人尊重自然、顺应自然规律和可持续发展的理念，彰显出中国人对宇宙和自然界认知的独特性及其实践活动的丰富性，与自然和谐相处的智慧和创造力。

为了让更多的青少年认识、了解二十四节气这一知识体系及其实践，吸引更多青少年加入到传承与保护中国传统文化的行列中来，我院生物教研员吕涛老师带领我市部分初中生物学教师，以二十四节气为主线开发了初中生物学实践活动课程，经过近两年的摸索、实践，积累了大量的图文资料，推出了一批优秀课例，设计并实施了数十个学生实践活动。现将这些研究成果汇集成本书，以期为更多的学校开展实践类课程或选修课程提供有效的资源支持和方案借鉴。本书根据初中学生的认知特点，聚焦二十四节气中的物候特征，从生物学的角度引导学生去感知、感悟二十四节气，在弘扬和传承中华优秀传统文化的同时，培育学生的生物学学科核心素养。全书以二十四节气这一时间脉络为主线，每个节气包括节气概述、走近三候和拓展视野三个部分内容，总体来说，本书有以下特点：

一、聚焦物候，引导学生认识、了解二十四节气

古老的《逸周书·时训解》最早完整地记述了二十四节气，并把在寒暑的影响下出现的自然现象分为七十二候，用鸟、兽、草、木等的变动来为每个节气进行注解，每个候提取出最具代表性的一种物候现象，作为这个候的物候反应。古人对节气物候进行的是高度凝练的特征化描述，有些描述晦涩生僻，初中学生理解起来有一定的困难，书中的“走近三候”版块，用浅显易懂的文字解释古语三候。对其中古人的误解，如“鹰化为鸠”“腐草为萤”“雀入大水为蛤”等进行了科学的解读；对同种动物在不同节气中的行为变化，如小寒“雁北乡”、雨水“候雁北”、白露“鸿雁来”、寒露“鸿雁来宾”、春分“玄鸟至”、白露“玄鸟归”、立夏“蚯蚓出”、冬至“蚯蚓结”等，在相关节气的物候解释中体现出这是一个动态的过程；物候中涉及到的一些气象方面的动态变化，如春分“雷乃发声”和秋分“雷始收声”，清明“虹始见”和小雪“虹藏不见”，立春“东风解冻”、小暑“温风至”和立秋“凉风至”，秋分“水始涸”、立冬“水始冰”、冬至“水泉动”和大寒“水泽腹坚”等，在相关的物候解释中前后呼应。在对三候的解释中，既尊重古人的智慧，也体现现代科学的思辨，力图通过这些努力，让学生对二十四节气中的物候变化形成整体的认识。

二、关注重庆本地的气候及物候特征，在传承中创新

二十四节气始于春秋，立于秦汉，描述了每个节气表征于黄河中下游地区彼时气候的物候现象。源于中原地区的物候描述，有着时间、空间的局限性。因此，本书在客观解释古人总结的七十二候的基础上，突出了对重庆地区的气候特点及物候现象的描述，如在节气概述部分，除了简述这个节气的由来、节气名称的含义、节气概况外，增加了对重庆气候特点和物候特点的描述；在拓展视野部分选取了重庆本地的一些物候变化，如在小满时节开始采摘的江津九叶青青花椒、处暑时节成熟的南川方竹笋、白露时节的丰都龙眼、立冬时节的潼南柠檬、大雪时节的奉节脐橙、梁平柚子及秋分时节重庆地区常见的鸣虫等。希望通过这些内容的呈现能够引导学生去关注身边的物候变化，透过节气去体会古代劳动人民的智慧。

三、突出生物学科特色，在实践中感悟节气

本着体现生物学科视野和学科深度的原则，拓展视野版块的内容主要从该节气的物候特征中去寻找切入点，联系初高中的生物学知识，结合重庆本土的气候、物候特点，以一个主题为中心进行拓展延伸。这既可能是该节气中动物的行为方式、也可能是植物的适应性变化，还有可能是人顺应自然变化的养生之道。实现了节气与生物学科知识的融会贯通，寓节气于知识点，寓知识点于生活。

在体现生物学科特点的同时，本书还将教育部近年来强调的实践育人、劳动教育落实到了具体的课程目标和内容中。伴随着每一个节气设计了多个集知识性、趣味性于一体的动手动脑活动，希望同学们能够在活动中感悟节气，使二十四节气这一重要的文化遗产在当代社会文化生活中焕发出新的活力。如在立春时节，围绕此时在重庆田间盛开的高茎豌豆花，展开对蝶形花冠的认识，通过对豌豆花的观察和解剖，认识闭花传粉的特点，再通过对豌豆进行人工授粉的小活动，体验遗传学研究中最基本的一种方法——人工杂交，然后介绍了遗传学之父孟德尔的工作成就，结合节气拓展了相关的生物学知识，同时也为高中的学习奠定了基础。再如“草木黄落”是古人总结的霜降时节的一个物候特征，由于重庆地区和黄河流域的气候差异，此时树叶并没有完全变黄、脱落，在解释了树叶变黄的原因后，让学生通过实验体会叶片中的色素种类及其含量，并去观察遍布重庆的银杏树叶什么时候开始变黄、记录其变黄脱落的过程。书中呈现的活动大都设有二维码链接，通过扫描即可观看操作过程或结果展示。

本书既可以作为学生的读本，也可以是初中生物教师开设选修课的素材。它以崭新的生物学科视角带领我们感知古时中国人民的独有智慧——二十四节气，希望该书能够为中华优秀传统文化的传承和创新贡献一份绵薄之力。

本书在编写过程中得到了重庆市气象服务中心、重庆市中药研究院、重庆市南开中学、四川外国语大学附属外国语学校、重庆市第一中学校、重庆市巴蜀中学、西南大学附属中学、重庆永川兴龙湖中学校、重庆市第九十五中学校、重庆市第二十九中学校、重庆市荣昌中学校、重庆市第八中学校等单位的大力支持，以及编写团队老师们的鼎力协助，在此致以深深的谢意！

重庆市教育科学研究院党委书记

2019年2月

目录

引 言

春雨惊春清谷天，夏满芒夏暑相连。

秋处露秋寒霜降，冬雪雪冬小大寒。

小时候，你背诵过这首二十四节气歌吗？短短 28 字，囊括了四季的更替，每个节气的命名都蕴藏着中国人洞察天地的智慧——寒来暑往的季节变幻、温度变化、降水量的不同和感应时节而生的物候及劳作。

二十四节气是中国古人通过观察太阳周年运动，认知一年之中时节、气候、物候的规律及变化所形成的知识体系和应用模式。

地球除了自转外，还要围绕着太阳进行公转。地球的公转在地球上的人看来就表现为太阳相对绕着地球转，即太阳周年视运动，简称太阳周年运动。地球一年绕太阳转一周，我们从地球上看就是太阳一年在天空中移动了一圈，太阳这样移动的路线叫黄道。中国古人按照太阳在黄道上的位置来划分二十四节气。黄经是黄道上的度量坐标（经度），古人将黄经零度（此刻太阳垂直照射赤道）设为春分日，从春分点开始自西向东出发，每前进 15 度为一个节气，运行一周又回到春分点，为一回归年，合 360 度，共 24 个节气。

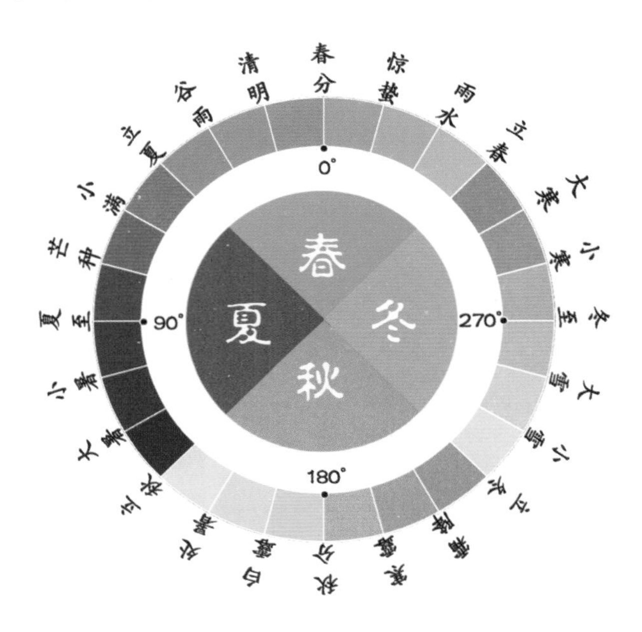

一年有二十四个节气，每个节气历时约十五日，自节气日开始计算，每五日为一候，每候以一种物候现象为标志，共三候，这是在古老的《逸周书·时训解》中首先确定的。根据这种规定，全年二十四节气共七十二候。后世对于二十四节气及七十二候的物候描述，脱胎于春秋至西汉，元代的《月令七十二候集解》也大多承袭。七十二候描述的是黄河流域中下游地区每个节气彼时的物候现象，以鸟兽鱼虫、草木生态的变化以及其他自然现象的出现和消失，来反映气候的变化和季节的推移。

立春

你有没有发现白昼渐长、天气渐暖？

你有没有观察到万物复苏、芳草渐绿？

立春到了，春天的脚步近了……

立春偶成

【宋】张栻

律回岁晚冰霜少，春到人间草木知。

便觉眼前生意满，东风吹水绿参差。

节气概述

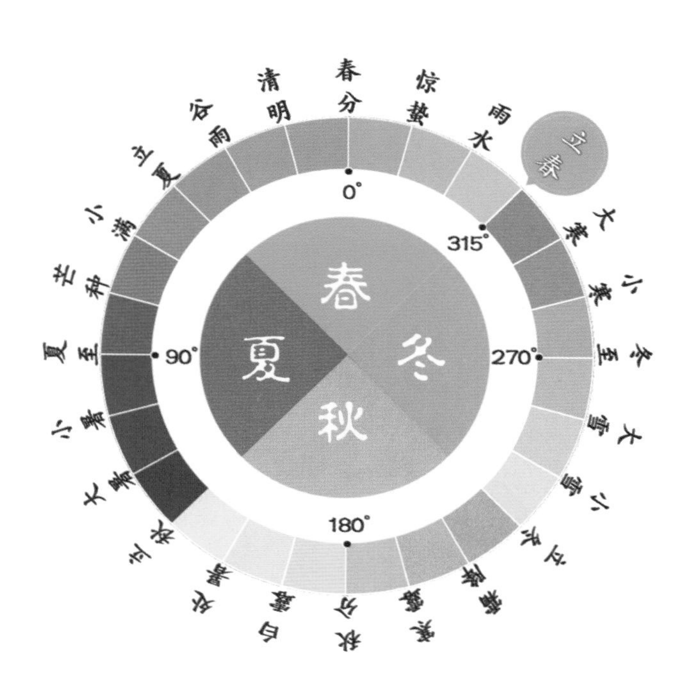

立春，是二十四节气中的第一个节气，时间点在2月3—5日，这时太阳到达黄经315°。人们在这天有吃春饼或春卷的习俗，称为“咬春”；有些地方会鞭打泥做的春牛，称为“打春”；有些地方还会在这一天烧春柴，称为“迎春”。按照我国传统，将节气中“四立”作为四季的开始，立春之日，春天便到了。但从气象学上来说，春季是指日平均气温或5天滑动平均气温大于或等于10 ℃且小于22 ℃的时段。根据这一标准，立春只是春天的前奏，平均气温在二十四节气中排位“第五冷”，仅次于小寒、大寒、冬至、大雪，所以我国此时只有华南大部分地区进入了春季，仅占国土面积的7%左右，而其他地区依然还是冬季。

通常重庆在立春节气后的20天左右进入春天。俗话说：“一场春雨一场暖。”重庆立春时节降水量开始持续增加，气温有较明显回升，日照时数显著增多，风吹在脸上不再凛冽，大部分地区呈现出春暖花开、青草萋萋的景象。郁金香含苞吐萼，迎春花蓓蕾初开，白玉兰含苞待放，豌豆花纷纷绽放，迎接春天的到来。

郁金香

迎春花

玉兰花芽

豌豆花

走近三候

一候　东风解冻

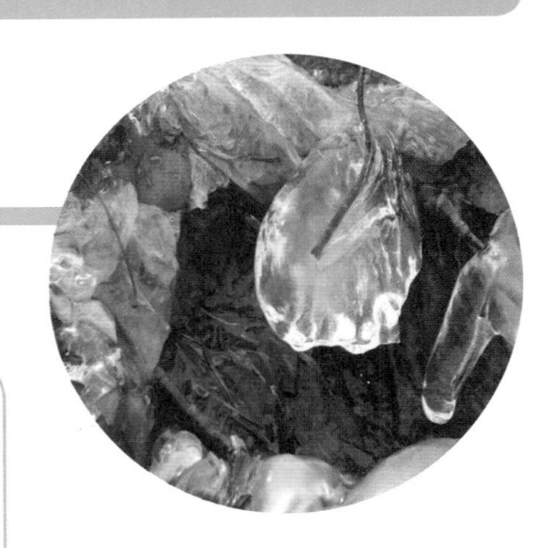

东风在我国主要是指来自太平洋地区的夏季风。东风温暖而湿润，带来的暖湿气流使气温慢慢回升。随着气温回升，北方冬天冰冻的河流、土地开启解冻模式。而重庆的冬天比较温暖，只有高海拔地区会出现结冰现象，比如南川金佛山、武隆仙女山、石柱黄水等地，所以多数地方不能目睹冰雪消融，但人们仍然可以明显感受到天气在逐渐变暖。

二候　蛰（zhé）虫始振

“蛰虫”泛指寒冬时藏匿起来，不活动也不进食的动物。“振”即“动”，立春时节北方地面的土壤虽然尚未完全解冻，但睡了一冬的“蛰虫”已感受到东风带来的暖意，僵硬的身体变得柔软，在“被窝”里舒展筋骨准备苏醒了。如果遇上暖冬土壤完全解冻了，它们便会提早“出门”，但赶上刺骨寒风，也还会钻回被窝睡个“回笼觉”。

三候　鱼陟（zhì）负冰

在东风持续的吹拂下，北方水面的冰层开始融化，水底的鱼儿感受到春天的召唤，欢快地游到水面上来。此时水面上还有未完全融化的碎冰片，看起来像鱼儿背着冰一样，所以称为鱼陟负冰。

拓展视野

田间的春意——花“蝴蝶”

立春时节，东风送暖，春风拂面，好一派春回大地“万草千花一晌开”的美景。田地里野油菜花、萝卜花竞相开放，还有那远远望去像小蝴蝶一般的豌豆花，总能让我们驻足多看几眼，它那缠绕的藤蔓、翠绿的嫩叶都透露着清新淡雅，这就是最美好的田间春意。

豌豆品种众多，在我国广为栽培食用，此时在重庆地区开花的多为荷兰豆，即高茎豌豆。豌豆（学名：*Pisum sativum* Linn）属蔷薇目豆科蝶形花亚科植物，蝶形花亚科植物因花冠形似蝴蝶而得名。蝶形花冠由 1 枚旗瓣、2 枚翼瓣和 2 枚龙骨瓣组成，中央的 2 枚龙骨瓣合生。

观察和解剖豌豆花

目的要求

1. 观察和认识豌豆蝶形花冠的结构特点。
2. 认识并区分豌豆花的雌蕊和雄蕊。

材料用具　豌豆花，镊子，放大镜。

方法步骤

1. 取一朵豌豆花，观察其蝶形花冠的形态特点。
2. 一只手用镊子夹住豌豆花托，另一只手用镊子轻轻地从外向内依次摘下豌豆花的旗瓣、翼瓣和龙骨瓣，并对照豌豆蝶形花冠结构图，观察三种花瓣的着生位置、形态和数量。
3. 观察豌豆花花蕊。用镊子剥去花萼、摘下雄蕊，数一数雄蕊和雌蕊各自的数量，用放大镜仔细观察黄色花粉在花蕊中的分布区域。

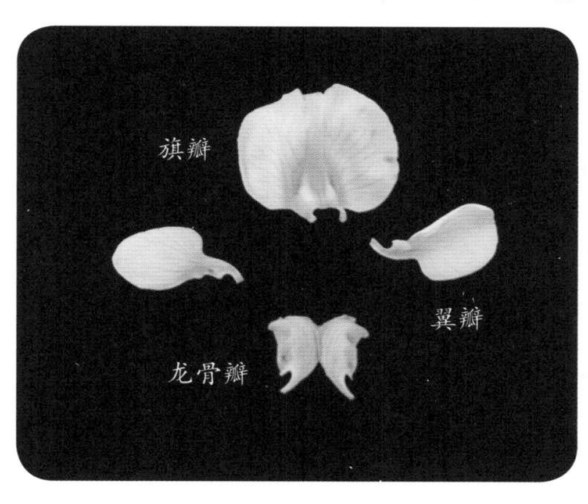

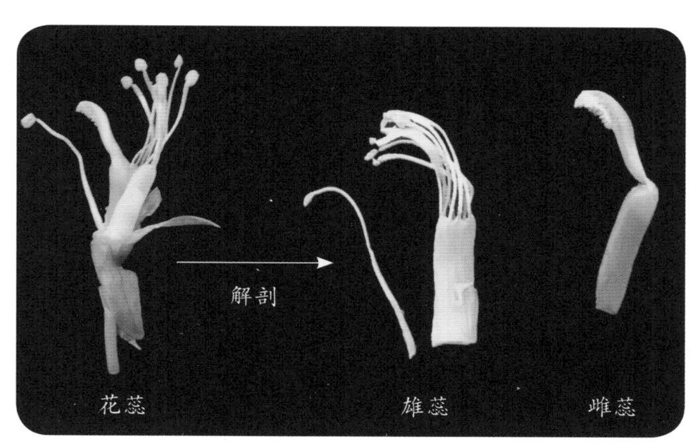

思考讨论

1. 除了豌豆，你还见过哪些具有蝶形花冠的植物？
2. 植物一般在花冠开放露出花蕊后进行传粉，但摘下豌豆花紧紧闭合的龙骨瓣后，在雌蕊的柱头上发现了黄色的花粉，这说明了什么？

豌豆花的观察

豆科蝶形花亚科的植物都具有蝶形花冠，如蚕豆、花生、绿豆等，但只有豌豆花的龙骨瓣会紧紧地包裹雌蕊和雄蕊直到传粉和受精完成，不会受到外来花粉的干扰，因此，豌豆是严格闭花受粉、自花传粉的植物。

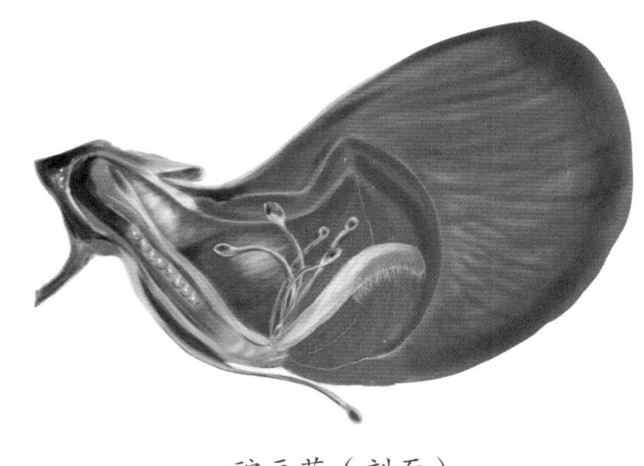
豌豆花（剖面）

现代品种繁多的豌豆是地中海豌豆通过杂交产生的。杂交是指植物一个品种的花粉落在另一个品种的柱头上，完成传粉受精和产生后代的过程。在现代育种中，人们为了培育新品种，往往人为地进行传粉这一步操作，称为“人工授粉”。

尝试对豌豆花进行人工授粉

目的要求

体验对豌豆花进行人工授粉的过程。

材料用具

不同品种带花蕾的豌豆苗，剪刀，镊子，毛笔，透气的纸袋。

方法步骤

1. 选取母本（如白花）并去雄：选择未成熟（花瓣未开且泛绿）的豌豆花作为母本。用镊子轻轻拨开花瓣，用剪刀去掉全部雄蕊，再小心地将花瓣恢复原样，套上透气的纸袋，等待雌蕊成熟。

2. 选取父本（如红花）并采集花粉：待去雄花的雌蕊成熟时，选择已成熟的豌豆花作为父本，用毛笔收集花粉。

3. 人工授粉：将收集到的花粉涂抹在母本成熟的柱头上，轻轻将花瓣闭合，然后套上透气纸袋。

母本：未成熟的豌豆花

父本：成熟的豌豆花

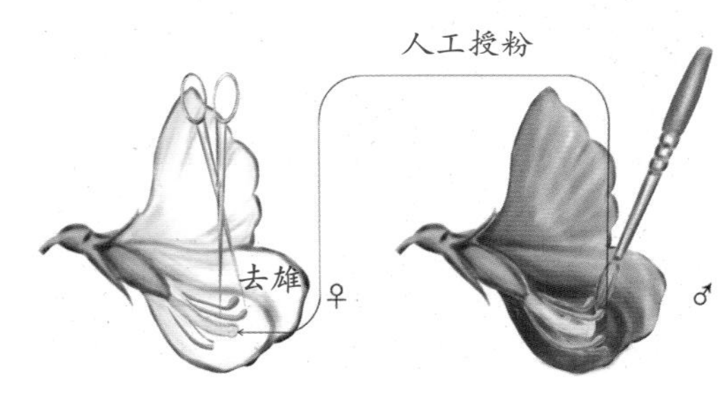

思考讨论

1. 为什么要对母本人工去雄？

2. 去雄和完成人工授粉之后，为什么要用纸袋套住花蕾？

孟德尔与豌豆

在孟德尔（G.J. Mendel，1822—1884 年）的时代，人们基本认同“融合遗传”学说，即两个亲本杂交后，双亲的遗传物质会在子代体内发生混合，使子代表现出介于双亲之间的性状，这与孟德尔的遗传学理论相对立。

孟德尔出生在一个贫寒的农民家庭，童年时受到园艺学和农学知识的熏陶，对植物的生长和开花非常感兴趣。他用豌豆、山柳菊、玉米等 20 多种植物进行杂交实验，最终选定豌豆作为实验材料。这是因为豌豆有两个优势：一是豌豆闭花受粉，产生的后代在自然状态下一般都是纯种，并且容易人工授粉；二是豌豆具有易于观察和区分的相对性状，例如豌豆的植株中有高茎（高度 1.5 ~ 2.0 m），也有矮茎（高度 0.3 m 左右），花色有白色，也有紫色。孟德尔经过仔细观察，从 34 个豌豆品种中选择了 7 对相对性状做杂交实验。

种子形状	子叶颜色	种皮颜色	豆荚形状	豆荚颜色	花的位置	茎的高度
圆滑	黄色	灰色	饱满	绿色	叶腋	高茎
皱缩	绿色	白色	不饱满	黄色	茎项	矮茎

豌豆的 7 对相对性状

他花了 8 年时间培育了 2.8 万株豌豆，对 4 万多朵花进行人工授粉，数了 40 多万粒豌豆，对豌豆的性状和数目进行细致入微的观察、计数和分析。1865 年，孟德尔在自然科学学会上宣读了他的豌豆杂交实验结果，但由于他的科学思想太过超前，实验结果并没有引起人们的重视。直到孟德尔死后 16 年，三位互不相识的植物学家用不同材料进行实验，相继发现自己的实验结论早已被孟德尔发表，这件事在科学史上称为“孟德尔定律的重新发现”，标志着遗传学进入了一个新的时期。孟德尔对遗传学的贡献主要有两个方面：一是提出的“分离定律”和“自由组合定律”可以帮助我们认识遗传现象，预测后代的性状；二是应用正确的研究方法，选择恰当的实验材料，对实验结果进行科学的统计分析，推动了整个遗传学的发展，奠定了现代遗传学的基础。因此，孟德尔被称为“现代遗传学之父”。

孟德尔研究的豌豆相对性状离我们的生活并不遥远，重庆就种植了很多不同品种的豌豆，寻找并观察它们的相对性状，将结果记录在下面！

观察豌豆的相对性状

1. 茎高：

分别测量 10 ～ 20 株高茎和矮茎豌豆的茎高，计算出平均值。

高茎豌豆平均茎高：________________；矮茎豌豆平均茎高：________________。

2. 花色：

你观察到了哪些颜色的豌豆花？用彩笔为下面的豌豆花涂上颜色吧。（如果下面的花不够，你还可以自己补充）

3. 花的着生位置：

有的豌豆花长在茎顶，有的长在叶腋，你都观察到了吗？请在下面的空白处画出来。

4. 你还观察到了豌豆的哪些相对性状？在下面写出来或者画出来吧。

你有没有发现草木已经吐露新芽？

你有没有留意雨滴常常挂在树梢？

因为雨水节气，悄悄来了……

春夜喜雨

【唐】杜甫

好雨知时节，当春乃发生。
随风潜入夜，润物细无声。
野径云俱黑，江船火独明。
晓看红湿处，花重锦官城。

节气概述

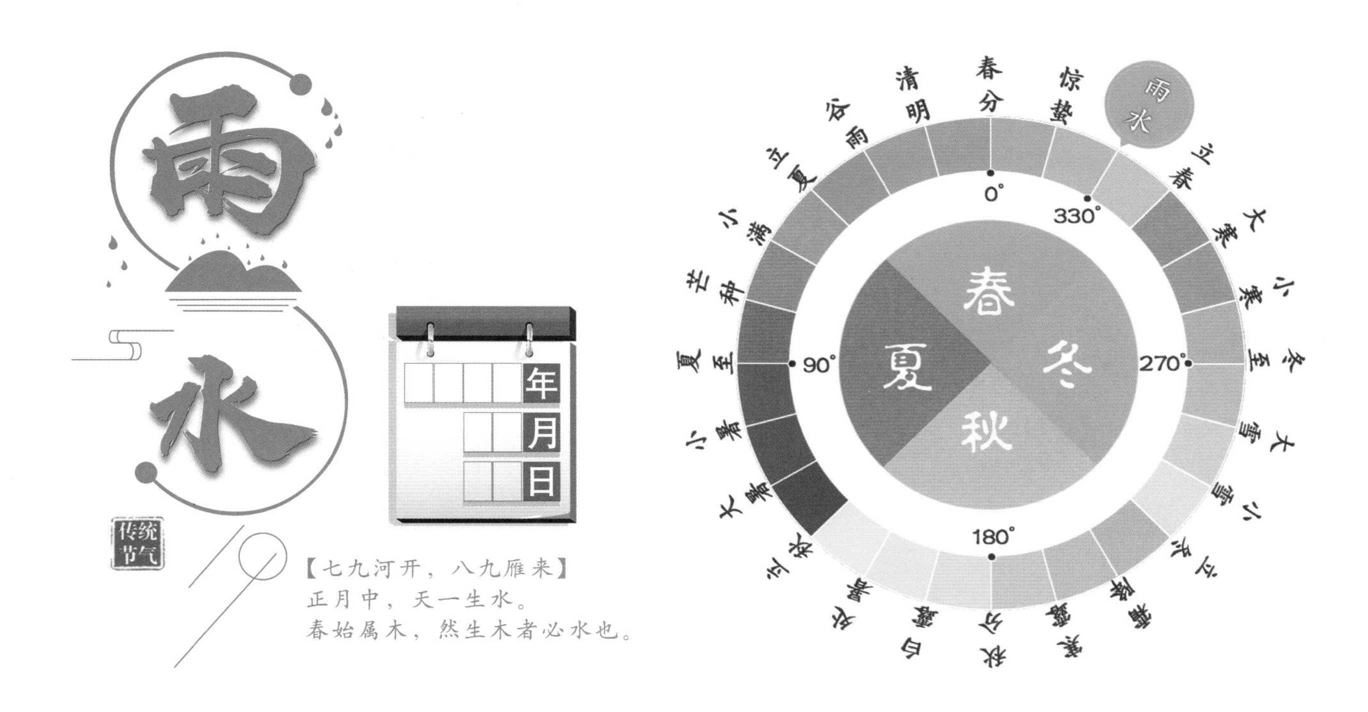

雨水，是二十四节气的第二个节气，时间点在 2 月 18—20 日，这时太阳到达黄经 330°。雨水时节，冬季干燥少雨的天气趋于结束，气温回升，北方冰雪逐渐消融，南方降雨开始增多，故称“雨水”。

雨水过后，西北、东北和西南高原的大部分地区虽仍处在寒冬之中，但气温在渐渐回升，南方地区正在进行或已经完成了由冬转春的过渡。雨水节气的重庆，平均气温升至 10℃以上，降雨量比立春时节增加 40% 以上。在春风春雨的催促下，到处都散发着生机勃勃的春日气息。早春樱花、雏菊、贴梗海棠、早开堇菜等植物纷纷进入花期，为春天献礼。而城口、仙女山、金佛山等海拔相对较高的地区气温却仍然较低，时有降雪天气。因此，此时的人们既可以前往公园赏花，也可以到高海拔地区赏雪玩雪。一城之内，尽享冬春之景，着实让人感叹大自然的神奇。

早春樱花　　雏菊　　贴梗海棠　　早开堇菜

走近三候

一候　獭祭鱼

随着气温回升，冰层加速融化，鱼儿游出水面，以便更好地呼吸。爱吃鱼儿的水獭终于可以饱餐一顿。水獭把捕上来的鱼摆在岸边，整整齐齐的，好像用鱼当作贡品在祭祀一样，故称“獭祭鱼”。

二候　候雁北

“雁”即大雁，雁形目鸭科的鸟类，在我国分布广泛，主要栖息于开阔平原或草地，喜欢成群活动。大雁属候鸟，在我国的繁殖地位于中、蒙、俄交界的达乌尔地区和黑龙江流域，而越冬地在长江中下游地区，主要集中在江西鄱阳湖、安徽升金湖等地。雨水时节，人们常看到鸿雁成群向北迁徙，故曰“候雁北”。

三候　草木萌动

雨水节气的到来，不仅意味着降水量增加，也意味着温度回升，正好满足了植物生长对水分和温度的需求。于是，大部分植物开始返青生长或者种子开始萌发，也有些植物的花朵已经含苞待放，整个大地一片欣欣向荣的春日景象。

拓展视野

鸟类的迁徙

鸟类的迁徙是自然界中非常引人注意的现象，人们很早以前便关注到了这一点。除了雨水节气中提及的“候雁北”，春分节气的“玄鸟至”、白露节气的“鸿雁来”和“玄鸟归”、寒露节气的“鸿雁来宾”、小寒节气的“雁北乡”等都是古人对鸟类迁徙现象的描述。

鸟类的迁徙一般发生在春秋两季。每到迁徙季节，部分鸟类为了寻找食物、水源和繁殖地，或者为了躲避恶劣的环境，开始了一场长途跋涉的生存之旅。它们飞过繁华的城市、茂密的森林、浩瀚的海洋、荒凉的沙漠，它们在惊涛骇浪中捕猎食物，在飞沙扬砾中寻找迁徙的方向，在天寒地冻中保护自己、躲避危险……尽管途中充满险阻，鸟儿们克服着重重困难，它们的族群在这样周而复始的迁徙中得以延续。但并不是所有鸟类都会迁徙。根据是否迁徙，通常将鸟类分为留鸟和候鸟。

1. 留鸟

留鸟是指终年栖息于同一地区，不进行远距离迁徙的鸟类。重庆地区最常见的留鸟主要有麻雀、白头鹎、珠颈斑鸠、白颊噪鹛、乌鸫、白鹡鸰等，公园、学校、小区随处可见。

麻雀：颈背具完整灰白色的颈环，白色脸颊上具有黑色点斑，体长约14cm。杂食性，既食农作物种子，也食昆虫。

白头鹎：额至头顶黑色，两眼上方至后枕白色，看上去似“黑头白发”故又名白头翁。

珠颈斑鸠：体型似鸽子，颈部两侧黑色羽毛中密布白色点斑，像许多散落的“珍珠”，因此得名。

白颊噪鹛：通体棕褐色，最为显著的特征是其脸颊上的白色斑块，近乎将眼睛完全包围，“白颊”由此而来。

乌鸫：通体黑色，常被误认为是乌鸦，橘黄色的嘴和浅黄色的眼圈是其重要辨识特征，体长约29 cm，体型比乌鸦小。善于模仿其他鸟类叫声，几乎能以假乱真。

白鹡鸰：全身黑白二色，飞行时呈波浪式前进，停下来的时候尾部不停上下摆动。

2. 候鸟

候鸟是指在春秋两季沿着比较稳定的路线，在繁殖区和越冬区之间进行迁徙的鸟类。根据候鸟在某一地区的旅居情况，又可分为以下类型。

（1）夏候鸟 春夏在重庆繁殖，秋季飞到较温暖的地方越冬，第二年春天又飞回重庆的鸟，就重庆地区而言，这类鸟称为夏候鸟，如黑枕黄鹂、黑卷尾、寿带、家燕、杜鹃等。

黑枕黄鹂：通体金黄色，翅膀和尾黑色，头枕部黑带斑如“佐罗”款眼罩，嘴红色，体长25 cm左右。黄鹂羽色艳丽，鸣声婉转。重庆照母山、洪恩寺公园等地易见。

黑卷尾：通体黑色泛蓝色光泽，尾长且尖端分叉，最外侧一对尾羽向外上方卷曲，体长约28 cm。黑卷尾飞行姿态优美，好斗性强，观赏起来别有趣味。重庆南山植物园等地易见。

寿带：头黑色，具羽冠，上体红褐色，下体白色，体长约23 cm。雄性偶见白化个体，中央尾羽延长20 ~ 30 cm，像“绶带”一样。寿带有较高观赏价值。每年5—7月重庆照母山、洪恩寺、红岩村等地可见。

（2）冬候鸟 冬季在重庆越冬，翌年春季飞往北方繁殖，至秋季又飞回重庆越冬的鸟，就重庆地区而言，称冬候鸟，如绿头鸭、普通鵟、中华秋沙鸭、红嘴鸥等。

绿头鸭：雄鸭，头及颈泛深绿色光泽，具白色颈环，嘴黄色，翼有紫蓝色斑块，体长约58 cm。家鸭就是由其驯化而来。在重庆分布广泛，可见于长江、嘉陵江等众多江河及库塘湿地。

普通鵟：两翅宽而较圆，尾较短，翅下具黑色“腕斑”，腹部有深色斑块，体长50 ~ 59 cm。是一种常见的猛禽。重庆南山大金鹰等地都是“观猛”佳地。

中华秋沙鸭：嘴鲜红色、尖端具钩，体长约58 cm。具冠羽，两胁羽片白色，羽缘黑色形成特征性鳞状纹。它是我国特有鸟类，濒危且十分珍贵。重庆是中华秋沙鸭较为集中且相对稳定的越冬栖息地。

（3）旅鸟 迁徙过程中途经某一地区，只在此地稍作停留，而不在此地繁殖和越冬，就该地区而言，称旅鸟。重庆地区如红翅绿鸠、白眉鸭、褐冠鹃隼等。

由此可见，候鸟的划分因地区而异，同一种鸟在一个地区是夏候鸟，在另外一个地区则可能是冬候鸟或旅鸟。

观鸟活动

观鸟活动是特指用望远镜对野生状态下的鸟类进行观赏的环境认知休闲活动。观察记录鸟类的外形姿态、数量、取食方式、食物构成、繁殖行为、迁徙特点和栖息环境等，并鉴别鸟的种类。

活动准备

【望远镜】7.0 倍的非红膜双筒望远镜（用于观察林鸟）或 20 ～ 60 倍的非红膜单筒望远镜（用于观察水鸟）。

【鸟类辨识工具】《中国鸟类野外手册》，鸟类识别手机 APP（如中国野鸟速查等）。

【笔和笔记本】笔最好是铅笔或圆珠笔。

【着装】避免穿着与环境反差较大过于鲜艳且容易发出摩擦声音的衣服。

【其他】了解天气情况；确定观鸟时间、地点及交通路线；查找以往记录，了解鸟种特征。

基本步骤

【寻鸟】想要快速找到鸟儿，除了选对观鸟地点，还需要掌握正确的寻找鸟儿的方法。常用的方法为“参照物法”。

【识鸟】找到鸟儿之后，在欣赏鸟儿的同时，首先需要辨识鸟类。借助“鸟类辨识工具”从鸟儿的身体外部特征、飞行方式、鸣叫声音、生活习性等方面入手，辨识鸟儿。

参照物法：

发现鸟后，不急于用望远镜，先用眼观察鸟的位置附近是否有较大较突出的物体，如枯树干、突出的岩石、一丛花或黄叶、空洞等做参照物，记住它们与鸟的位置关系，然后用望远镜先找到参照物，然后循其与鸟的位置关系找到鸟。

【记录】记录内容主要包括时间、具体地点、天气状况、鸟的种类和数量。如果遇到不能立即识别的鸟，可参照下图及其文字描述，将符合该鸟特征的选项详细记录于下方表格中。

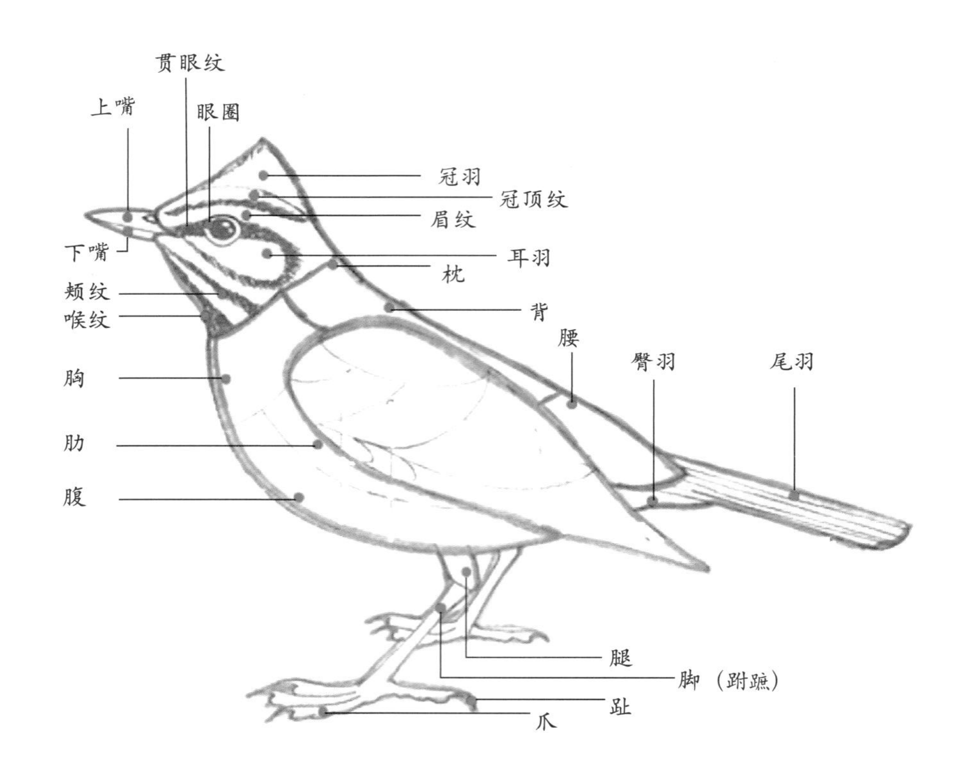

观鸟记录样表												
时间			地点			天气			观鸟者			
体型	体色	出现在	飞行方式	头部	颈背部	胸腹胁	翅膀	腰	脚爪趾	尾部	鸟种鉴定	数量
备注												

鸟类特征参考选项

体型	A 比麻雀小，B 同麻雀大小，C 介于麻雀和鸽子之间，D 同鸽子大小，E 介于鸽子和丹顶鹤之间，F 同丹顶鹤大小，G 比丹顶鹤大
身体主要颜色	A 黑色，B 白色，C 红色，D 灰色，E 橙色，F 绿色，G 黄色，H 蓝色，I 褐色
出现在	A 草地 / 农田，B 裸露地面，C 水源附近，D 林冠层，E 树中层，F 林下 / 灌丛
飞行方式	A 直线式，B 波浪式
头部	A 有冠羽，B 有眉纹，C 有贯眼纹，D 耳羽有斑，E 喉部黑色，F 钩形嘴，G 有眼圈，H 嘴下弯，I 嘴上翘，J 细短嘴，K 锥形嘴，L 嘴红色，M 嘴黄色，N 头顶红色，O 有喉中线，P 有冠顶纹
颈背部	A 白色领环，B 黑色领环，C 颈侧有斑，D 颈背颜色对比明显
胸腹胁	A 胸有黑斑，B 胸有红斑，C 胸腹部有纵纹，D 胁部有横斑，E 胁部橙色，F 胁部有纵纹
翅膀	A 有腕斑，B 有翅斑，C 翅尖黑色
腰	A 白腰，B 红腰，C 黄腰
脚爪趾	A 腿红色，B 爪黄色，C 腿黄绿色，D 后趾特长，E 有蹼
尾部	A 臀羽红色，B 臀羽黄色，C 外侧尾羽白色，D 外侧尾羽有白斑，E 尾部有横斑，F 扇形尾，G 菱形尾，H 契形尾，I 燕形尾，J 凹形尾

【信息整理】

活动结束后，对于未能及时识别的鸟种，可以根据记录信息仔细对照鸟类图鉴或向他人请教以鉴定鸟种。另外，根据观鸟记录、拍摄的照片、录像和鸟鸣的录音，总结整个观鸟活动的情况，还应该对鸟类的生存环境及人类活动对其影响做出分析，提出保护鸟类的建议。

观鸟准则

1. 尽量不做任何干扰鸟类正常活动的行为。
2. 只赏自然界的野生鸟类，不赏笼中鸟；不饲养野生鸟类或放生进口鸟类。
3. 拍摄鸟类尽量采用自然光，不使用闪光灯，不拍摄雏鸟和卧巢鸟，以免造成惊吓。
4. 不引诱、驱赶鸟，不对鸟穷追不舍，见到鸟类繁殖要尽快离开。
5. 不可为了便于观察或摄影，随意攀折花木，破坏野鸟的栖息地和附近的植被生态。
6. 观鸟不走路，走路不观鸟。

重庆本地特色观鸟资源

中华秋沙鸭是第三纪冰川期后残存下来的物种，距今已有一千多万年，是中国特有物种。中华秋沙鸭的外形十分美丽，但它对生存环境非常挑剔，所以其种群数量一直处于下降趋势，目前中华秋沙鸭在全球仅有 1000 多只，因此，它是比扬子鳄还稀少的濒危动物，有着“鸟类中的大熊猫”之称，被列入《中国濒危动物红皮书》。

中华秋沙鸭很早就被确定为我国国家一级保护动物，在我国的越冬地点十分零散，且越冬时多为小群或零星个体。重庆最早的中华秋沙鸭越冬记录源自 1990—1991 年越冬季。时隔 20 余年，2012 年在重庆綦河（江津段）发现约有 20 ～ 30 只在此越冬。此外，重庆合川、开州、酉阳、秀山、石柱等多个区县水域均有其越冬记录。中华秋沙鸭对越冬地水域的选择要求较高，河道采砂、钓鱼、电鱼、围网养鱼、垃圾污水等是干扰它们越冬较严重的胁迫因素。近年来经过调查发现，在重庆越冬的中华秋沙鸭数量相对稳定，重庆已经成为全国第七大中华秋沙鸭越冬地。

示威

捕食

起飞

你见过老鹰吗？它是一种猛禽。猛禽是隼形目和鸮形目鸟类的统称，主要包括鹰、雕、鹫、隼、鸮等。猛禽一般翼大善飞，脚强而有力，趾有锐利钩爪，性情凶猛，捕食其他鸟类和鼠等，或食动物腐尸。你在野外见过猛禽吗？体验过大群猛禽飞过头顶的震撼吗？目睹过猛禽盘旋形成的“鹰柱”奇观吗？

重庆因其多山的地貌特征，成为了大量猛禽的迁徙通道，因此，重庆被称为“鹰飞之城”。每年 5 月和 10 月是猛禽过境的高峰期，你可以去南山植物园大金鹰平台、歌乐山森林公园观云台、巴南南泉镇建文峰等地体验震撼的“观猛”之旅。做好观察记录，可能你的记录还会对猛禽的科学研究提供参考。

凤头蜂鹰

赤腹鹰

松雀鹰

短趾雕

悄悄地，桃花绽开了笑脸，
蜗牛在雨后悠悠爬行，
一声春雷唤醒了大地。

观田家（节选）

【唐】韦应物

微雨众卉新，一雷惊蛰始。

田家几日闲，耕种从此起。

节气概述

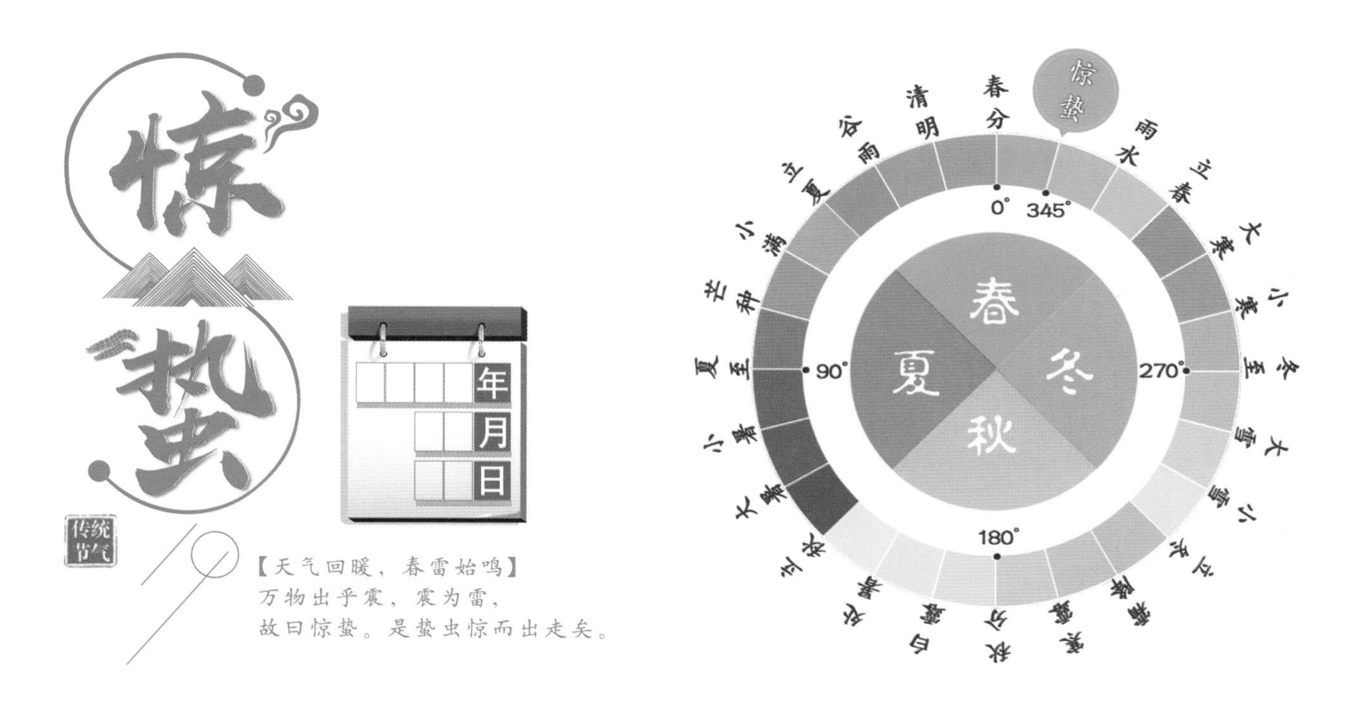

惊蛰，是春季的第三个节气，时间点在 3 月 5—7 日，这时太阳到达黄经 345°。“惊”即惊醒。动物入冬藏伏土中，不饮不食，称为“蛰”。“惊蛰”就是指春雷唤醒了冬眠的动物。

“春雷响，万物长”，惊蛰时节，春雷滚滚，全国平均降水量较上一节气增长 15% 左右。日照时数明显增多，气温迅猛回升，各地出现“红杏深花，菖蒲浅芽，春畴渐暖年华”的美卷。古语有言，“惊蛰不耙地，好像蒸馍跑了气”，此时我国各地随处可见农民耙地、施肥、清理沟渠，让土壤能储存更多雨水，保证农作物生长。惊蛰的重庆，早晚微寒，气温时常在 10℃以下，在和煦的春日照耀下，日最高气温又经常进入超 20℃的行列，气温起伏变化，街上随处可见羽绒服和单衣齐飞的现象。此时重庆，不管是山野乡村还是城市园林，李花、桃花、梨花、樱花次第盛放，蝴蝶翩翩，处处生机，正式迎来踏青赏花的好时节。居于此，你既可感受“桃花依旧笑春风”的嫣然，也可体悟“落英缤纷”的世外意境。

李花　　桃花　　梨花　　关山樱

走近三候

一候　桃始华

惊蛰后天气陆续回暖，桃枝上孕育着的花苞自此渐盛，故曰桃始华。重庆很多地方，如大学城虎峰山、九龙坡走马镇、合川官渡桃园、酉阳桃花源等地，都大面积种植了桃树，惊蛰后桃花竞相绽放，是观赏桃花的绝佳去处。

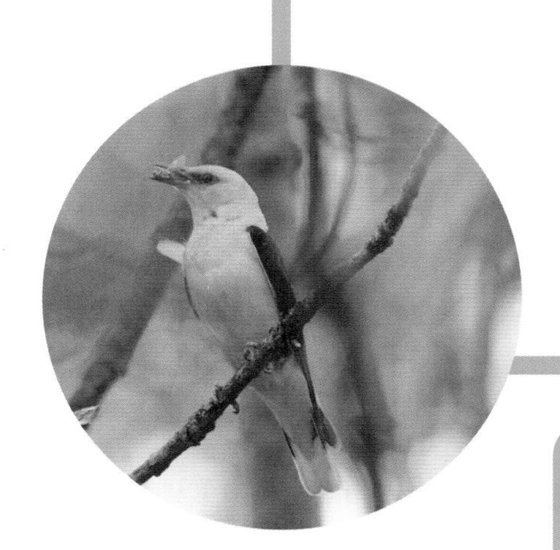

二候　仓庚（gēng）鸣

《章龟经》曰："仓，清也；庚，新也。感春阳清新之气而初出，故名。""仓庚"指的是黄鹂，所谓"仓庚鸣"指的是惊蛰时节，春暖花开，欣欣向荣，黄鹂鸟感受到春天的温暖清新开始欢快地鸣叫，声音婉转动听。

三候　鹰化为鸠

惊蛰是很多动物开始繁殖的时节。此时，鹰躲起来悄悄繁殖后代，原本蛰伏的"鸠"（指布谷鸟、斑鸠等体型中等的鸟类）开始鸣叫求偶。这个时候古人没有看到鹰，而周边的布谷鸟、斑鸠却多了起来，古人以为鹰变成了鸠，故曰"鹰化为鸠"。这其实是古人的一种误解。春季是鸟类繁殖的关键时期，民间有"不打三春鸟"之说。

拓展视野

惊蛰识花

惊蛰时节，重庆迎来一年中最美的赏花季：桃花、樱花，粉若烟霞；梨花、李花，洁白无瑕；垂丝海棠，花垂枝头……这个季节开花的植物，大多属于蔷薇科，它们的花形态结构极其相似，不易辨识，但我们可以根据其典型特征进行辨别。

美人梅

花粉红色，重瓣花，叶偏紫红色，由重瓣型梅花和红叶李杂交而成。先花后叶，适合观赏。

重庆花期：2 月底—3 月初；

重庆观赏点：小区、校园等。

桃花

花粉红色，多单瓣花，花瓣略尖，叶绿色，花柄很短，花看起来像直接长在枝干上，先花后叶，叶子像燕子的尾巴，俗称“燕尾叶”。

重庆花期：3 月初—3 月中旬；

重庆观赏点：虎峰山、酉阳桃花源等地。

垂丝海棠

花粉红色，重瓣花，叶深绿色，花柄很长，花下垂，故得名“垂丝海棠”。

重庆花期：3 月中旬；

重庆观赏点：小区、校园等。

关山樱（日本晚樱）

花浓红色，花丝少而短，花 1 ～ 3 朵为一束，重瓣花，花瓣边缘缺刻，花叶同生，春叶紫褐色。

重庆花期：3 月中旬—4 月初；

重庆观赏点：小区、校园等。

紫叶李（红叶李）

花浅粉，花丝较长，花柄短，花瓣五瓣，叶紫红色，花期短，花谢后大规模长叶。

重庆花期：3 月 5 日前后；

重庆观赏点：小区、校园及人行道。

果：核果

樱桃花

花粉白，花丝较长，单瓣花，花瓣顶端有小缺口。开花时叶黄绿色。

重庆花期：3 月初；

重庆观赏点：巴南云篆山、璧山云雾山等。

梨花

花纯白，花药呈红色，花柄较长，五六朵簇生枝端，叶翠绿色。

重庆花期：3 月初；

重庆观赏点：渝北茨竹镇放牛坪、綦江梨花山、永川黄瓜山、巴南二圣镇田坪村等。

李花

花雪白，花药呈黄色，花柄短，花群呈球形。先花后叶，盛花期几乎看不到叶。

重庆花期：3 月中旬—4 月初；

重庆观赏点：渝北印盒、合川双凤镇等。

春日里，各种花儿争先绽放，鲜花虽美但却易逝。如何将它们那转瞬即逝的美延续，甚至变成永恒呢？制作成干花不失为一个简单有效的方法，利用干燥剂吸干鲜花细胞中的水分，保留细胞中的色素，这个方法适用于各种花材，用一朵小巧的干花留住春天，为你的家增添几分色彩。

留住精彩瞬间——干花的制作

材料用具

鲜花，剪刀，鲜花干燥剂（可以网购），带盖玻璃瓶，小勺子。

方法步骤

1. 选取你喜欢的鲜花，进行修剪，注意保留 1 cm 左右的花柄。

2. 选取一个带盖的玻璃瓶，大小要求能放入所选花朵，将干燥剂倒入玻璃瓶至 1/2 处。

3. 将修剪好的鲜花插入玻璃瓶的干燥剂中，再缓慢倒入干燥剂，覆盖住鲜花，密封好玻璃瓶。

4. 1 ～ 2 天后小心取出干花，放在漂亮的容器中，独一无二的干花就做好了。

分享交流

在制作干花的过程中，你有什么心得体会呢？你还知道其他保存鲜花的方法吗？请制作 PPT 或微视频分享你的经验和方法，与老师和同学一起交流。

友情提示：

制作好的干花，要长期保存就必须放在装有干燥剂的密封瓶子里，以免受潮。

制作踏青手账

3 月，适合外出踏青，脚踏青青芳草，拥抱百花海洋，追逐春日阳光，欣赏融融春色。渝北印盒的李花、永川黄瓜山的梨花、大学城虎峰山的桃花、南山植物园的樱花都是重庆踏青的好地方。周末和家人、好友一起外出踏青，向他们讲解如何区别各色美花，用“手账”去记录你观察到的惊蛰物候变化，感受春天的美！

“手账”是一个包罗万象的词，它可以是日记、笔记、美食本、健康本、收藏本、旅行本等等，你可以用它来制订计划、自我管理，使每一天都过得更充实而有意义；你也可以用它来珍藏生活幸福的点滴……最简单的手账只需要一支笔、一个本子，再加上你想记录的内容，就可以完成。

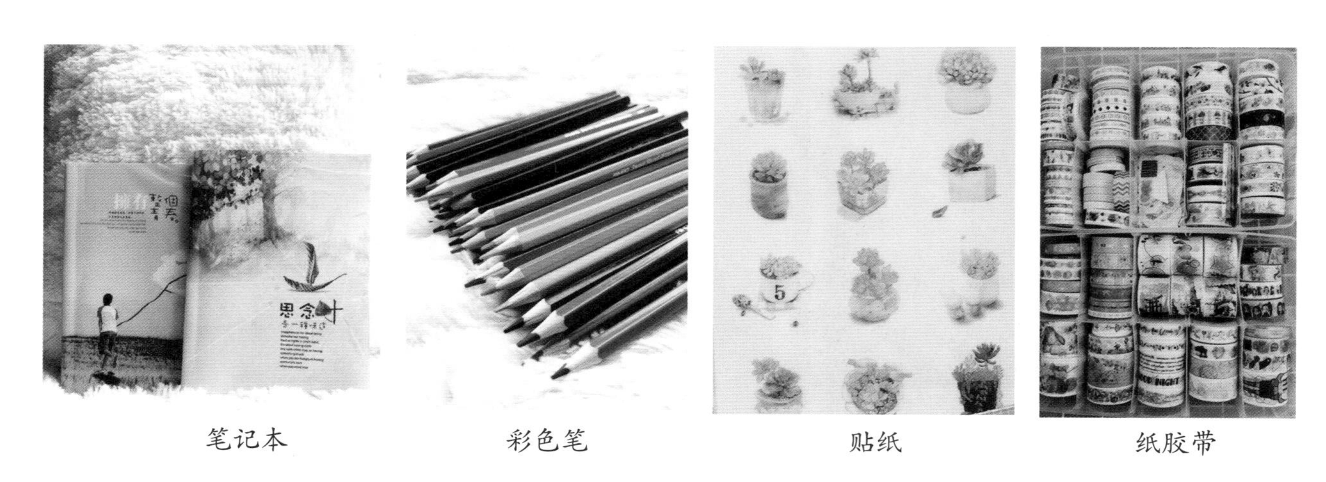

笔记本　　彩色笔　　贴纸　　纸胶带

在各种文具（如手账本、彩色笔、贴纸、纸胶带等）的帮助下，可以让你的手账既有内涵又有颜值，与其说是写手账，不如说是创作手账。简单来说，手账是一门艺术，是一种生活方式的代号。你是不是已经迫不及待了呢？赶快行动起来做一个惊蛰手账吧！

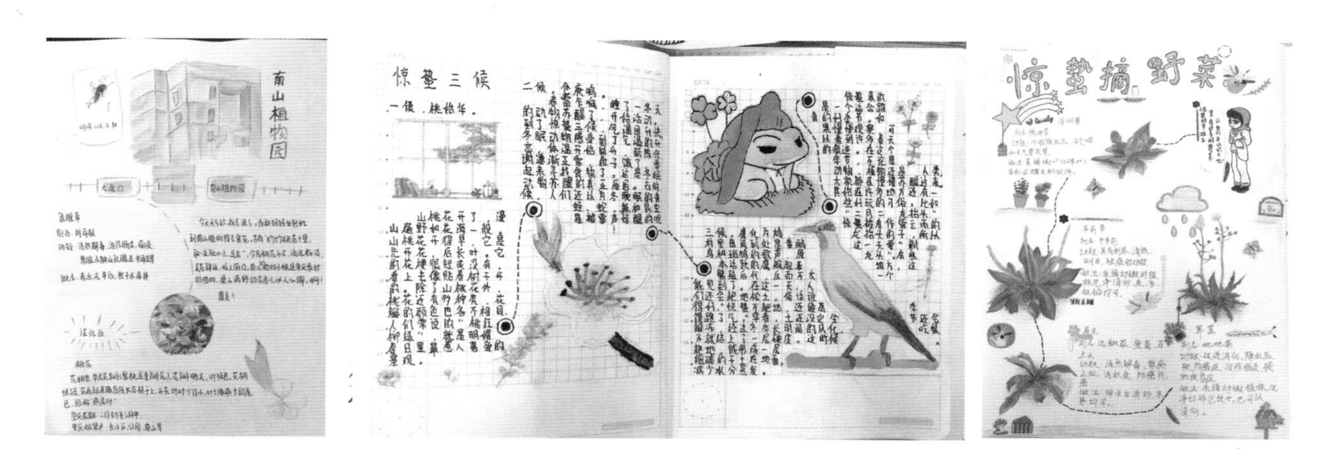

手账没有固定的格式，你可以用任何方式，借助任何你喜欢的工具记录节气里的美好生活，把你的手账跟大家一起分享吧。

春分

山间野菜正好，
蔷薇风中含笑，
扎一只纸风筝，
去赴春天的约会。

七绝·苏醒

【唐】徐铉

春分雨脚落声微，柳岸斜风带客归。
时令北方偏向晚，可知早有绿腰肥。

节气概述

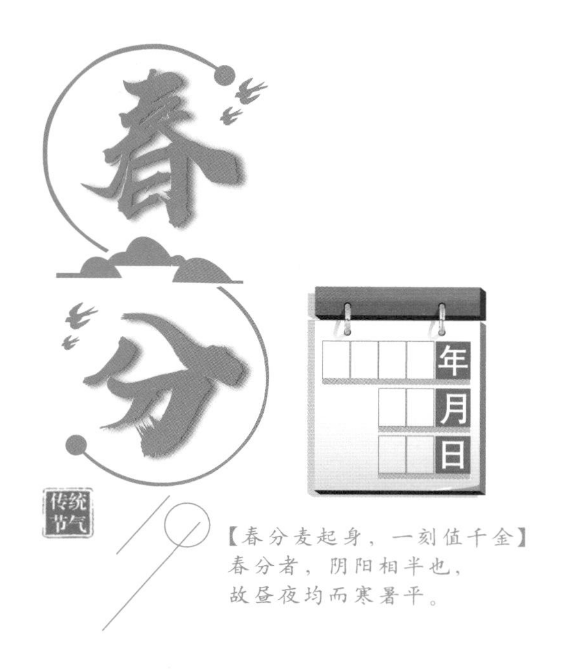

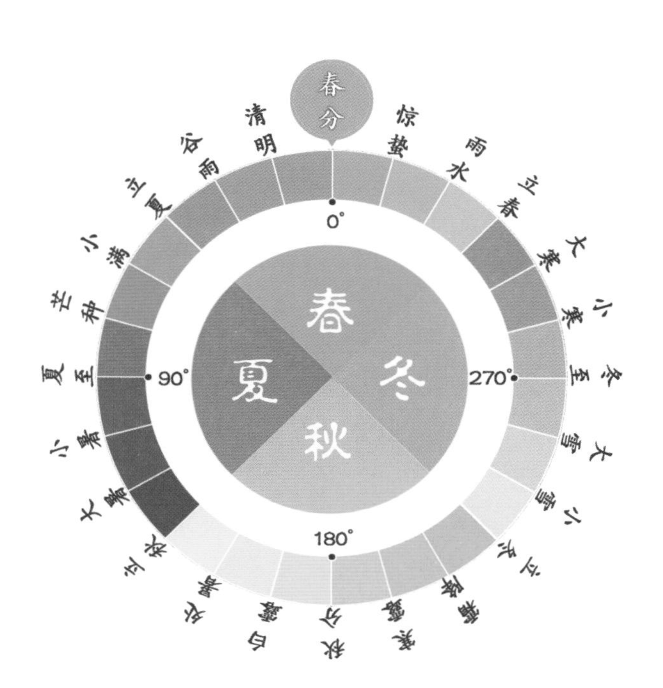

春分，时间点在每年 3 月 20—22 日，这时太阳到达黄经 0°。此时，昼夜几乎相等，阳光直射赤道，南北半球季节相反，北半球是春季，南半球则是秋季。春分也是伊朗、土耳其、阿富汗、乌兹别克斯坦等国的新年。

进入春分后，我国各地白昼开始变长，降水增多，气温总体较惊蛰有大幅上升，平均气温升幅居二十四节气第二位，气温日较差持续增大。乍暖还寒，春分多受冷空气影响，天气变化无常。北方地区正是冬去春来的过渡阶段。南方地区已是莺飞草长，一片春意盎然。重庆大多时候都是春光明媚，大部分地区平均最高气温在 20 ℃左右。在春雨的滋润下，楠竹笋破土而出，是一道清热化痰的好食材。此时多数植物已经开花，柑橘树挂满了雪白的花骨朵，银杏的雄球花渐次绽放，鸡爪槭也迎来了花期，人们纷纷走出家门享受无限春光。

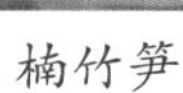
楠竹笋

柑橘花

银杏雄球花

鸡爪槭花

走近三候

一候　玄鸟至

玄鸟，别名：燕子、元鸟，指雀形目燕科的鸟类，我国有11种，多为候鸟。燕子的繁殖地在我国，越冬地在中南半岛、印尼一带。春分时节，燕子开始集群从越冬地迁徙到我国繁殖，故春分有“玄鸟至”的说法。

二候　雷乃发声

雷电是发生在大气层中同时具有声、光、电的物理过程，通常是指带电云层的放电现象。这一放电过程会产生巨大的声响，即雷声。冬季温度低，大气对流作用不强，因此少雷，春季随着温度升高，气流活动加剧，云层放电现象频繁，故雷电数量增加。

三候　始电

雷电发生过程中会产生强烈的光，即闪电。雷电发生时，空气中的氮气、氧气和雨水发生一系列化学反应，生成了可以被农作物直接吸收利用的硝酸盐，即氮肥。氮肥有利于植物在春季迅速生长。古时候还没有工厂大规模生产氮肥，雷电的发生无疑是给庄稼造就了一座“空中氮肥厂”，故农村有句谚语“雷雨发庄稼”，正是这个道理。

拓展视野

天上黄水，地上黄连

春分时节，常见药材黄连正处于花期。重庆市石柱县黄水镇以其独特的气候、水质和土壤条件为黄连的生长提供了极佳的生态环境。黄水镇所产的黄连品质优良，有“天上黄水、地上黄连”的美誉，黄水镇被称为“中国黄连之乡”。

黄连根、黄连植株

黄连，又称味连、鸡爪连，多年生草本植物。黄连的根状茎肥厚，为入药的主要部分。黄连入口极苦，有俗语云“哑巴吃黄连，有苦说不出”，其苦味正来源于根状茎中所特有的黄连素，也称小檗碱，可用于治疗腹泻、口腔溃疡，具有清热抑菌的功效。随着科学技术的发展，人们对黄连的化学成分及药理研究越来越深入，对黄连的药效开发也在不断扩大。

黄连的药效众所周知，而黄连花的价值近年来才被开发利用。重庆市石柱县与西南大学药用资源化学专家携手，成功地将黄连花茶开发成保健茶。黄连花茶具有清火解毒、利胆利尿等功能，被称为药中上品。春分时节，黄连花开得繁盛，正适合采摘制备黄连花茶。同学们，让我们一起动手尝试制作黄连花茶，充分利用大自然馈赠给人们的礼物。

尝试制作黄连花茶

材料用具

黄连花，小提篮，簸箕，锅，铲，包装袋。

方法步骤

1. 采摘 可直接用手采摘，注意保留一小部分茎，将采摘的花朵平摊置于簸箕内；
2. 精选 挑选饱满的黄连花朵，去掉杂物和虫咬、损坏的花；
3. 烘焙 ① 先用大火将铁锅烧烫，取部分花朵铺于锅中，不宜太多，覆盖锅底即可；
   ② 进行快速、反复翻炒，在炒的过程中洒少许水（保持花茎的青绿色，不至于炒焦和失绿太多），炒至花蔫即可；
4. 摊晒 将炒蔫后的黄莲花摊晒在簸箕里，让每一朵黄连花充分享受阳光的照射；
5. 包装贮藏 将晒干的黄莲花茶分装入袋，在干燥、低温下贮藏。

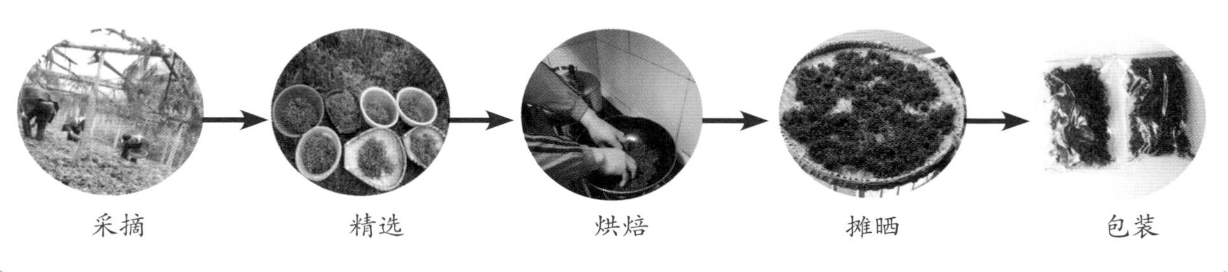
采摘　精选　烘焙　摊晒　包装

良药佳蔬——蒲公英

春分时节，人们纷纷踏春郊外，去感受“春在溪旁野菜青”的乐趣，去领略“马兰不择地、丛生遍原麓”的美景。山坡草地上，河滩田野边，人们总会看到朵朵小黄花含苞待放，这正是蒲公英。

蒲公英，别名黄花地丁、婆婆丁，菊科蒲公英属多年生草本植物，是重庆地区较为常见的一类野菜。蒲公英是药食俱佳的天然绿色植物，全草入药，味道鲜美，营养丰富。春分时节，可采摘蒲公英外层大叶，泡水饮用、炒食做汤均可；晚秋时节，还可挖取带根的蒲公英全株，去泥晒干以备药用。现代药理学试验研究表明，蒲公英具有抗菌、抗肿瘤、清热解毒、保肝利胆、提高免疫力等功效，并有“天然抗生素”的美誉。蒲公英的提取物有抗癌的作用，可降低乳腺癌细胞的活性，对胰腺癌细胞的增殖也有一定的抑制作用。蒲公英提取物中的多糖可提高机体免疫力，减轻化疗和放疗药物的副作用。这一发现为癌症的治疗带来了希望。早在明代，李时珍在《本草纲目》中对它的食用、营养和医药价值都有着很高的评价和肯定。近年来，蒲公英的利用价值备受人们关注，目前已有很多商家开始大批量种植蒲公英，销往蔬菜批发市场和药材市场，取得了很好的经济收益。

治疗开水烫伤：新鲜蒲公英根，洗净后捣烂取汁，药汁涂抹于患处，每日三次。

根

蒲公英的根，表面棕褐色，富含多种活性成分，可入药，也可加工制成保健茶，消炎祛火，适宜上火人群饮用。

叶

蒲公英的叶，为食用的主要部分，略有苦味，可凉拌生食，可炒食炖汤，味道鲜美。蒲公英叶有不同形态，边缘或具波状齿或羽状深裂。

花

蒲公英的花期在3—9月，它的花中提取物有良好的抗氧化活性，可开发为天然食品添加剂。

果实

蒲公英的果期在4—10月，它的果实形小干燥，果皮坚硬，成熟时只含有一粒种子，为瘦果。

你仔细观察过吗？蒲公英的花白天盛放，傍晚时分则向中心收拢，具有“昼开夜合”的现象，这可以防止夜间活动的昆虫侵犯或露水损坏雄蕊中的花粉。有一些植物的叶片也具有这样的特性，如大豆、花生、合欢等，它们的叶片白天挺拔张开，夜晚合拢或下垂，叶片的这种运动可以帮助抵御夜晚的寒冷。科学家们把这样的现象都称为植物的“感夜运动”，这属于植物的一种自我保护机制，是对外界环境的一种适应性反应。

蒲公英的头状花序全部由舌状的小花组成，每朵小花成熟后，都会形成一颗果实。每颗果实上长着一丛白色的绒毛，形如伞状，所有的果实聚集在一起，就形成了一个毛茸茸的白色小球。微风一吹，白色小球随风飘散，蒲公英的种子就这样依靠风力传播，落在条件适宜的土壤中，便会萌发长成新一代的蒲公英幼苗。

其实，蒲公英也可以通过移栽根的方法进行营养繁殖。春分时，某生物兴趣小组前往野外挖取蒲公英的根进行移栽，他们发现一个奇妙的现象：向风荫蔽处，蒲公英的叶片普遍较小，叶缘缺刻大，大多呈锯齿状；背风向阳处，蒲公英的叶片普遍较大，叶缘缺刻较小。蒲公英叶片形态的差异是否受到不同环境条件的影响呢？

叶缘缺刻小

叶缘缺刻大

观察蒲公英在不同环境条件下的生长情况

目的要求

观察在不同环境条件下生长的蒲公英叶片的形态。

材料用具

长势良好的蒲公英植株若干，花盆若干，营养土。

方法步骤

1. 取一株蒲公英，将其根部刨出，在同一根上切取相似的两段，埋入装有潮湿沙土的花盆中催芽。待蒲公英发芽后，将这两段根取出，分别移栽到装有营养土的花盆 A 和花盆 B 中培养。
2. 取若干株蒲公英的根，重复上述实验操作（至少重复 10 组，越多越好）。
3. 将 A 组置于向风荫蔽处，B 组置于背风向阳处。
4. 培养一段时间后，观察并记录每个花盆中蒲公英的叶片形态。

向风荫蔽处	叶片形态	背风向阳处	叶片形态
A1		B1	
A2		B2	
A3		B3	
A4		B4	
A5		B5	
……		……	

思考讨论

1. 不同的环境条件对蒲公英的叶形有影响吗？请根据观察到的实验现象进行分析。
2. 实验中为什么要选用同株蒲公英的根？

清明

天气清澈明朗，万物欣欣向荣，
伴着雨后彩虹，去踏青吧！
再采一把清明菜，回家做粑粑。

清明

【清】介石

桃花雨过菜花香，隔岸垂杨绿粉墙。
斜日小楼栖燕子，清明风景好思量。

节气概述

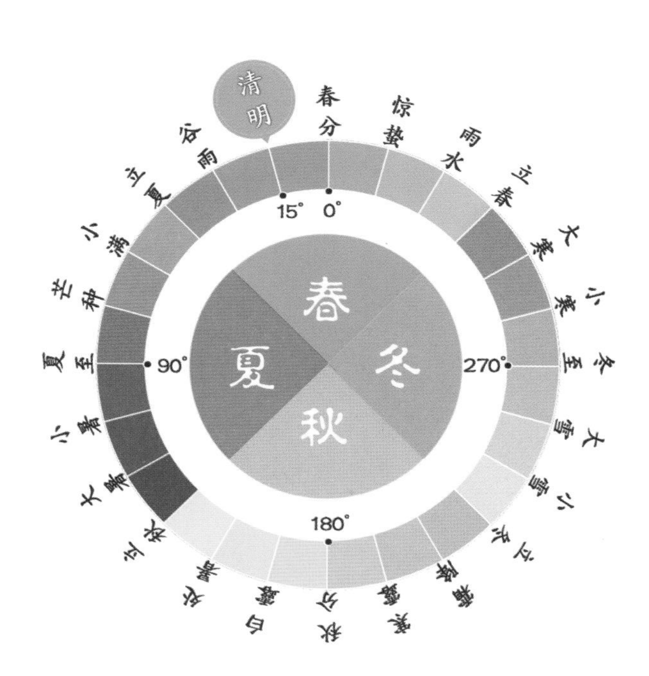

清明，时间点在 4 月 4—6 日，这时太阳到达黄经 15°。《岁时百问》有云："万物生长此时，皆清洁而明净，故谓之清明。"清明本代表节气，后经多次演变成为我国重要的传统节日。每逢清明节，人们有祭祀祖先、远足踏青的习俗。

就全国范围而言，清明是春季气温升幅最快、日照时数增幅最大的节气。北方地区虽然仍较寒冷，但已不再容易形成积雪；南方地区气温回升，日平均气温在 20 ℃左右，降雨逐渐增多。诗句"清明时节雨纷纷"实则是南方地区多雨的真实写照。清明的重庆，天气回暖，降雨丰沛，这样的天气条件正适合春耕和作物生长。山野间，小麦即将孕穗，油菜、豌豆、蚕豆初挂果实，花生苗、玉米苗茁壮生长，鼠曲草、马兰头等野菜正当采食，蒲儿根花、土豆花、泡桐花、鱼腥草花漫山遍野；而城市里，黄桷树新绿，红紫三角梅争艳，偶有楝树、紫藤花飘香……此时的山城，真是两江孕万物，清风送春来，高楼掩新绿，春花藏其中，好不美丽！

油菜果实

蒲儿根花

黄桷树新芽

泡桐花

走近三候

一候　桐始华

“桐始华”指的是清明时伴随着雨水增多和气温回升，油桐花开始开放。油桐，是一种双子叶落叶乔木，在我国分布广泛。它在清明时开花，花瓣呈白色，有淡红色脉纹，成簇开放。在重庆秀山的雅江镇，每年清明时，便能看到漫山白花簇簇，花落似雪纷飞的美丽景色。每年8—9月，油桐果实成熟，果实中的种子叫作“油桐子”，可以用于提炼桐油。

二候　田鼠化为鴽（rú）

田鼠，较一般老鼠而言，其尾巴、眼睛和耳更小，毛色多呈灰黄色，大多喜欢生活在倒木、树根、岩石下的缝隙中。“鴽”在古书上指鹌鹑这一类的小型鸟类，因此也有“田鼠化为鹌”的说法。鹌鹑，体型小而较圆润，羽色多较暗淡，与田鼠一样喜欢潜伏于草丛或灌木中生活，属于候鸟。清明时，温度升高，阳光明媚，鹌鹑迁徙而至。由于古人对鹌鹑的迁徙习性没有认识，加之受佛教“轮回”思想的影响，所以，误以为地面活动的与田鼠有些神似的鹌鹑是由洞中田鼠变成的。

三候　虹始见

虹，是雨后常见于空中的美丽彩色圆弧，古人将其喻为守得云开见月明的吉兆。从现代科学的角度解释，“虹始见”是指自清明开始，雨水逐渐增多，每当雨过天晴，空气中弥漫着许多小水滴，阳光经过它们的折射和反射，天空中便会出现美丽的彩虹。而小雪节气之后，便不再能看到彩虹了。

拓展视野

清明寻春

清明时节，气候宜人、生机盎然，人们往往会离开城市，去往郊外踏青寻春。而此时的山野，正是野菜当季时。这些野菜你认识吗？

鼠曲草

鼠曲草别名清明菜、蒿草等，一年生草本植物，全株被白色柔毛。生于低海拔干地或湿润草地上，尤以稻田最常见。重庆地区常于清明前后采摘嫩苗，煮熟后揉入糯米粉，再配以不同口味的馅料做成“清明粑粑”，口味软糯香甜，十分可口。

荠

荠别名荠菜、菱角菜，一年生或两年生草本植物。叶生于植株基部，呈莲座状，叶片提琴状羽裂，花白色，果实三角心形。荠菜是广为人知的野菜，味道鲜美，具有较高的营养和药用价值。清明时，荠菜多已开花，口感欠佳，只有部分晚生的可以食用。

鱼腥草

鱼腥草别名折耳根，多年生草本植物。地上茎直立呈紫红色，地下茎匍匐，节上轮生小根。叶片卷折皱缩，展平后呈心形。穗状花序顶生，黄棕色。因手搓叶片有鱼腥气味而得名。重庆地区常常凉拌食用。但清明时，野生鱼腥草多已开花，可药用而食用口感欠佳。不过，鱼腥草已能人工种植，所以在重庆人民的餐桌上，一年四季均可见到它的身影，只是不宜长期大量食用。

野葱

野葱别名沙葱、山葱，多年生草本植物，常生长于山坡、草地。茎叶均呈圆柱状，地下鳞茎呈圆柱状至狭卵状。野葱具有独特葱香气味，是极佳的素食调味品。

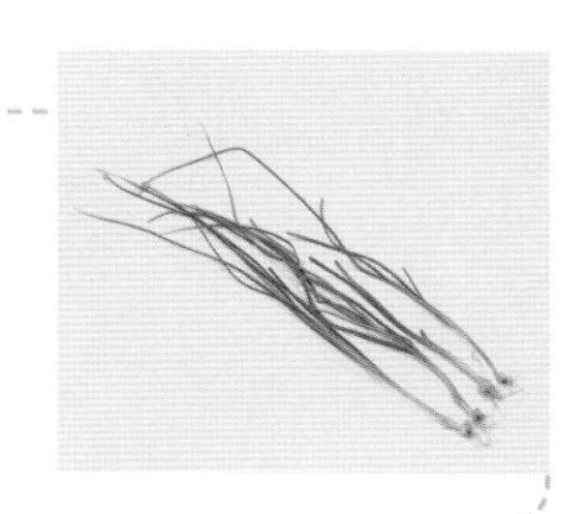

黄花蒿

黄花蒿别名青蒿、苦蒿，一年生草本植物，叶呈羽状深裂，适应能力强，广泛分布于全国各地。黄花蒿叶片中富含的青蒿素是治疗疟疾的特效药。中国药学家屠呦呦女士因在青蒿素方面的研究获得了2015年诺贝尔生理学或医学奖。重庆酉阳盛产的黄花蒿因药用价值高而闻名于世，因此重庆酉阳被誉为“青蒿之乡”。清明时，黄花蒿正直幼嫩，可采嫩尖煮成青蒿粥或煎成青蒿饼食用，具有清热解毒的功效。

艾草

艾草别名艾蒿、陈艾等，多年生草本植物，植株有浓烈的特殊香气。茎有明显纵纹，褐色或灰褐色。叶下表面被灰白色短毛。艾草，全株入药，有散寒消炎等功效，目前被广泛应用于医药、化工等多个领域。清明时，艾草幼嫩，江南地区会采嫩尖加工成“青团”食用。而至端午节，我国民间也有门前挂艾草以避邪、驱虫的习俗。

平车前

平车前别名车前草、蛤蟆叶等。相传汉代军队因采食了战车前的无名小草而治愈了因缺水引起的“尿血症”，车前草由此得名。它的叶片卵圆形，穗状花序呈细圆柱状。车前草是目前一些利尿、清热类药物的重要原料。清明时，采集鲜嫩的车前草，可炒制或调制肉馅做成煎饼等食用。

香椿

香椿，落叶乔木，叶外形与臭椿相似，但其叶为奇数。春天发芽，其嫩芽带有特殊香味，可以食用，具有清热解毒、健脾理气的作用。清明时，重庆地区的人们会将香椿芽与鹅蛋一起炒食。

野菜虽美味，但一定要辨识清楚再采摘食用。此外，许多野菜都具有一定的药效，不宜过多食用，也要注意食用人群。

清明留春

对植物的辨识和学习，除了观察新鲜实物外，借助植物标本也是良好的方式。趁着清明踏青的机会，让我们一起去采集、制作植物标本吧！

植物蜡叶标本

植物标本是将新鲜植物的全株或一部分用物理或化学方法处理后保存起来的实物样品，按照制作方法可分为蜡叶标本、浸渍标本、风干标本、砂干标本以及叶脉标本等。其中，蜡叶标本因制作及保存相对简单，而成为广泛使用和收藏的对象。

植物蜡叶标本的采集和制作

植物蜡叶标本的制作主要包括准备工作、标本的采集和制作、标本的保存三个流程。

一、准备工作

1. 选择采集地点并做好预查工作

2. 学习植物采集知识

3. 准备材料及用具

（1）采集用具：

铲子，剪刀，采集箱（袋），笔（铅笔或圆珠笔），号签，记录本。

（2）制作用具及药品：

标本夹，报纸，吸水纸，硫酸纸，1%升汞酒精溶液，乳白胶，针，棉线，定名签，记录表。

采集用具

标本号签

采集编号：________
采集时间：________
采 集 者：________
采集地点：________

定名签

采集编号：________
学　名：________
科　属：________
鉴 定 人：________
鉴定日期：________

标本采集记录表

采集编号：________ 日期：________
地区：________ 海拔：________
生长环境：________
习性：________
树高：________ 胸径：________
树皮：________
树枝：________
叶：________
花：________
果实：________
种子：________
备注：________
中文名：________ 科：________
地方俗名：________
拉丁学名：________
采集者：________

标本号签、定名签、记录表样例

二、标本的采集和制作

（一）采集、压制、干燥

1. 采集整株植物体或一段带叶枝，尽量带有花、果。

注意：通常小型草本植物采集整株植物体

2. 做好采集记录，给标本挂上标本号签。

注意：

（1）采集记录包括时间、地点等信息；

（2）标本号签信息与采集记录对应，以便后续整理。

3. 将标本逐个平铺于吸水纸之间，层层摞叠，再用标本夹压紧。

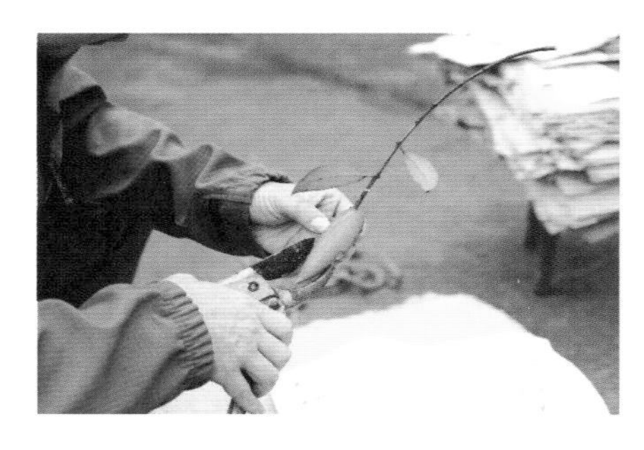

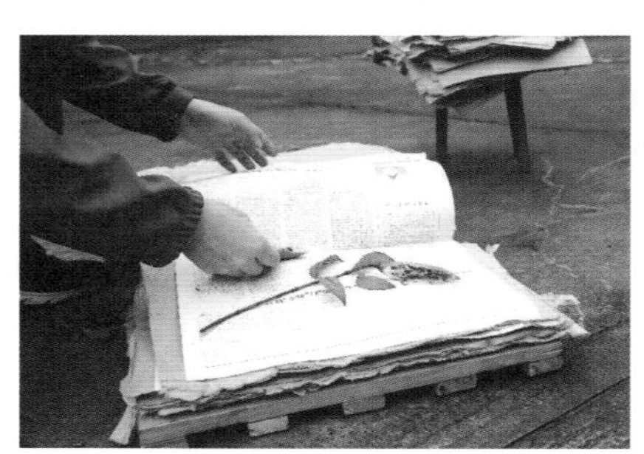

注意：

（1）尽量使枝、花、果、叶平展；部分叶片背面向上，以便观察叶背特征；

（2）花侧压，稍大果纵切，以便观察花果内部构造；

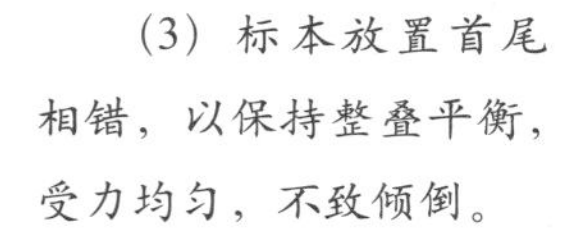

（3）标本放置首尾相错，以保持整叠平衡，受力均匀，不致倾倒。

4. 用透气性强的瓦楞纸替换吸水纸，并定期更换，直至标本干燥。

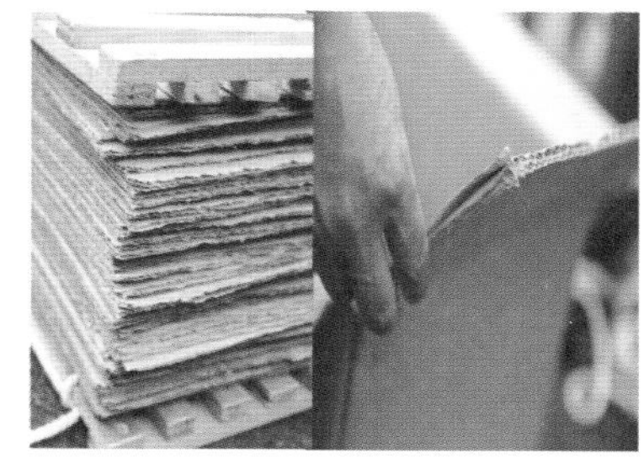

注意：初压标本水分多，通常每天换2～3次，第三天后可每天换一次，以后可几天换一次，直至干燥；若条件允许，则可用恒温干燥箱或红外线加速干燥。

（二）消毒、装订、贴标签

1. 消毒：标本压干后，常有害虫或虫卵，为防止虫蛀标本，必须经过消毒，杀死虫卵。

注意：常用消毒剂为1%升汞酒精溶液，也可用二氧化硫或其他药剂薰蒸消毒。这些都是剧毒药品，消毒时要注意安全。如用紫外光灯消毒较为安全有效。

2. 装订：用乳白胶将标本粘贴在台纸上，将枝条用细线缝住固定。

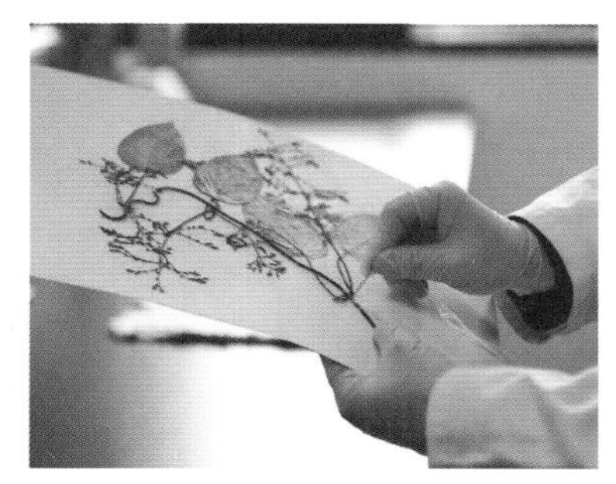

注意：

（1）标本放在台纸正中央或稍微偏斜，留出台纸的左上角和右下角，用以贴采集记录和定名签；

（2）放置时尽可能反映植物的真实形态，适当修去过于密集的叶、花和枝条等；

（3）易脱落的花、果应装在纸袋里，贴在台纸适当位置，以便必要时取出观察研究。

3. 贴标签：标本装订后，贴上标签，标签内容按需要拟定。

注意：标签内容一般包含有类别、名称、采集地、日期、采集者等。通常在左上角贴采集记录，右下角贴定名签。

三、标本的保存

制成的蜡叶标本需放入消毒后的标本柜或标本室保存，条件不具备的可以置于干燥处保存。

清明尝春

清明节是我国传统的重大春祭节日，融合了中华民族几千年来留下的优良传统。古时清明节，有禁火冷食、扫墓祭祀、踏青插柳、荡秋千、蹴鞠、打马球等习俗，借以感念先人、强身健体、亲近自然、疏阔心胸。伴随时代的发展，虽然清明节中部分习俗已经淡化，但祭祀祖先、踏青郊游的习俗依然保留至今。为促进我国优秀传统文化的传承和弘扬，2006 年 5 月 20 日，清明节被列入我国首批国家级非物质文化遗产名录，并于 2007 年 12 月 7 日被正式确立为我国法定节假日。

我国的传统节日往往与美食相伴，如端午节的粽子、元宵节的汤圆，清明节亦是如此。清明时，北方地区清明螺肥嫩鲜美，面花精致美味；南方地区青团软糯清甜，“润饼”清香可口。此时的重庆，田间地头一簇簇生长着许多清明菜，大家在踏青路上都会采一把回家做成清明粑粑或清明菜馅饺子，美味健康。下面我们就试着制作清明粑粑吧。

面花

制作清明粑粑

材料用具

清明菜，汤圆粉，盐，食用色拉油，筷子，中号盆，餐盘，电磁炉(燃气灶)，平底锅。

清明粑粑

方法步骤

1. 将清明菜清洗干净并切成碎末备用。
2. 取适量汤圆粉和清明菜，加入适量盐，缓慢加入水，边加边用筷子搅拌，然后反复揉捏成团。
3. 选取合适大小的面团，捏成自己喜欢的形状，放入撒有少量汤圆干粉的餐盘中备用。
4. 取电磁炉，放上平底锅，倒入少量油（使其不糊锅即可），加热至五成热，放入捏好的清明粑粑，煎至两面金黄即可出锅。

①

②

③

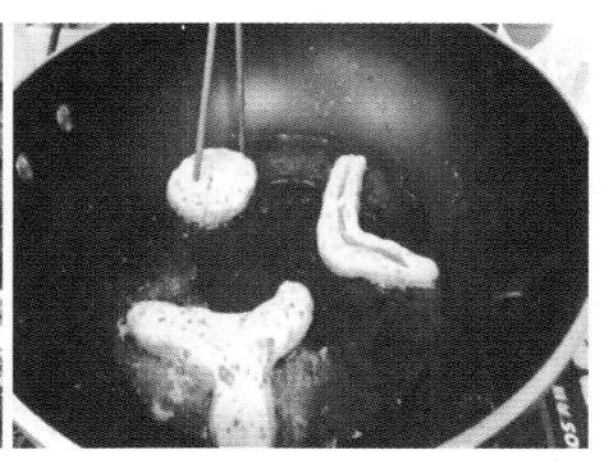

④

注意事项：1. 注意用电、用火、用油、用刀具安全；
2. 学校制作，建议分组，分工合作。

荣昌艾粑的制作方法

谷雨

你有没有被最近多雨潮湿的天气所“滋润”？

你有没有观察到浮萍始生，牡丹花开？

“雨生百谷，恰逢春好时”，这就是谷雨节气。

白牡丹（节选）

【唐】王贞白

谷雨洗纤素，裁为白牡丹。
异香开玉合，轻粉泥银盘。

节气概述

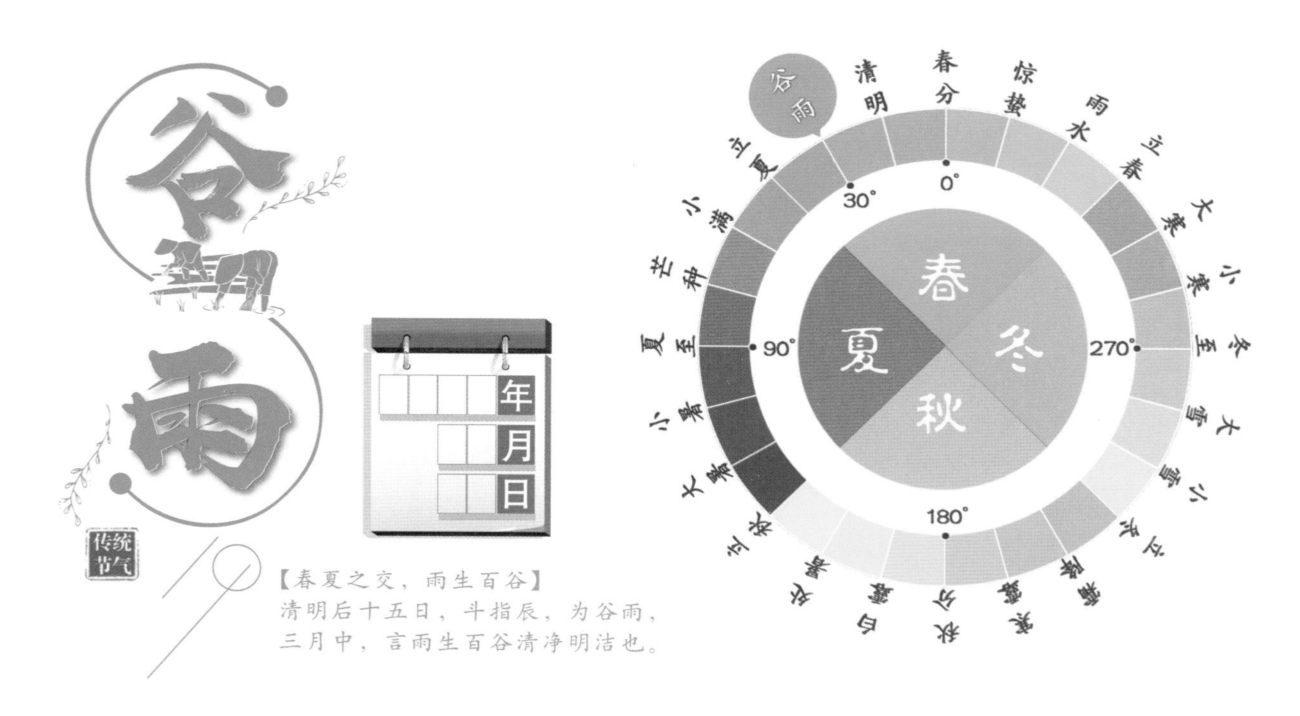

谷雨，是春季的最后一个节气，时间点在 4 月 19—21 日，这时太阳到达黄经 30°。在北方，谷雨时节正是最美春色，而在南方，柳絮飞落、杜鹃夜啼、浮萍始生、牡丹吐蕊、樱桃红熟，自然景物告示人们：时至暮春了。

俗话说“雨生百谷”，这个时节寒冷天气基本结束，气温回升加快，雨量充足且及时，田中的秧苗初插、作物新种，最需要雨水的滋润。农谚曰：“谷雨麦结穗，快把豆瓜种。桑女忙采撷，蚕儿肉咚咚。”此时从南到北陆续开始播种移苗、种瓜点豆。桑树枝繁叶茂，为蚕的生长发育提供了良好的条件，是养蚕的大好时机。谷雨时节采制的春茶，细嫩清香，味道最佳，故《茶疏》中谈到“清明太早，立夏太迟，谷雨前后，其时适中”。“蜀天常夜雨”，在春季，重庆的夜雨率为全年之最，常常“随风潜入夜，润物细无声”，农民们利用这种夜雨昼晴的天气，忙着种植和移栽，有些地方会使用塑料地膜提高土壤温度，促进种子萌发。

柳絮飞落

浮萍始生

谷雨采茶

养殖家蚕

走近三候

一候　萍始生

浮萍又称青萍、浮萍草、水浮萍，是浮萍科水面浮生植物。浮萍喜欢温热潮湿的气候，谷雨时节降雨增多，水温升高，一晚上能冒出许许多多，正如明代医学家李时珍所说：“一叶经宿即生数叶。”

二候　鸣鸠拂其羽

“鸠”即斑鸠，斑鸠并不像麻雀、喜鹊和乌鸦一样经常鸣叫，它有自己的鸣叫期，斑鸠鸣叫是为了求偶。谷雨时节正值斑鸠的求偶期，雄性斑鸠会在绕圈飞行时将身体极度倾斜并舒展自己翅膀和尾部的羽毛，同时发出的“咕咕～咕”的叫声。另外，因为杜鹃和斑鸠的叫声极其相似，所以还有一种说法，这里的“鸠”被认为是“杜鹃”，即“布谷鸟”。

三候　戴胜降于桑

戴胜是一种在地上觅食的鸟类，平时很少在树上活动。谷雨时节，戴胜在树洞内繁殖和育雏，才会经常来往于地面和树上，所以古人以“戴胜降于桑”作为谷雨三候之一。其实，戴胜不仅可以在桑树上筑巢，在柳树或其他树上甚至屋檐墙洞都可以筑巢。至于说降于桑，是因为谷雨时桑树繁茂，而且古时候的桑树比现在农村里的多，在桑树上看到戴胜就成了更为常见的现象了。

拓展视野

谷雨三朝看牡丹

牡丹被称为“谷雨花”，自古以来就有“谷雨三朝看牡丹”的说法，即谷雨 3 天之后就可以看到牡丹花开了。牡丹原产于我国，有 1500 年以上的人工栽培历史，被国人拥戴为“花中之王，国色天香”。牡丹花大色艳，品种繁多，姚黄、魏紫、豆绿、赵粉为牡丹四大名种。

姚黄

魏紫

豆绿

赵粉

重庆垫江是巴渝牡丹的故乡，是我国牡丹的起源地，有“华夏牡丹源”之说。每年 3 月底垫江都会举办牡丹文化节，主要观赏点有垫江太平牡丹园、华夏牡丹园、牡丹樱花世界等景区，牡丹已经成为垫江对外宣传的一张靓丽名片。

重庆地处西南，由于气候等原因，垫江牡丹开花早，每年 3 月初便渐有花苞形成，研究表明，垫江牡丹花期大概比洛阳牡丹早 10 天，约比菏泽牡丹早 20 天。但是，垫江牡丹的花期长，盛花期可持续到 5 月初。

不管是我国哪个地区的牡丹，花期总是在谷雨前后。牡丹喜凉爽湿润，不耐高温和暴晒，有一定的耐寒性，故有“春开花、夏打盹、秋发根、冬休眠”的生长习性。从每年 2 月份开始，气温均匀稳定地上升，有利于牡丹花芽的形成和膨大，牡丹花开的适宜温度是 16 ~ 20℃，这个温度范围常年出现在谷雨节气，再加上此时雨量丰沛，光照强度适中，为牡丹花开提供了最佳气候条件，这正是牡丹成为“谷雨花”的主要原因。

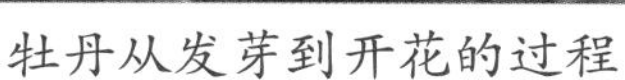
牡丹从发芽到开花的过程

牡丹的花芽为混合芽，能抽枝、长叶、开花。着生在枝条顶端的称为顶生花芽，着生在干枯花茎下部叶腋间的称为腋生花芽或侧生花芽。

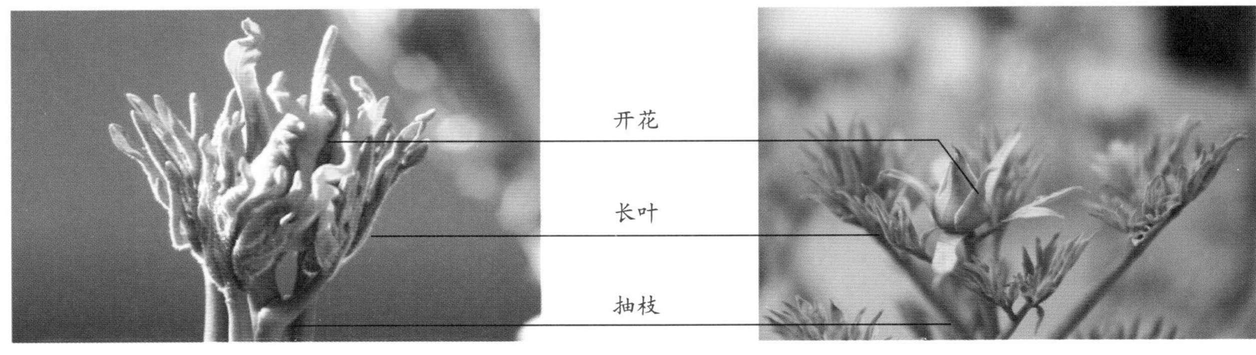

牡丹花芽发育情况

丹皮断面中可见丹皮酚呈晶体状饱满溢出

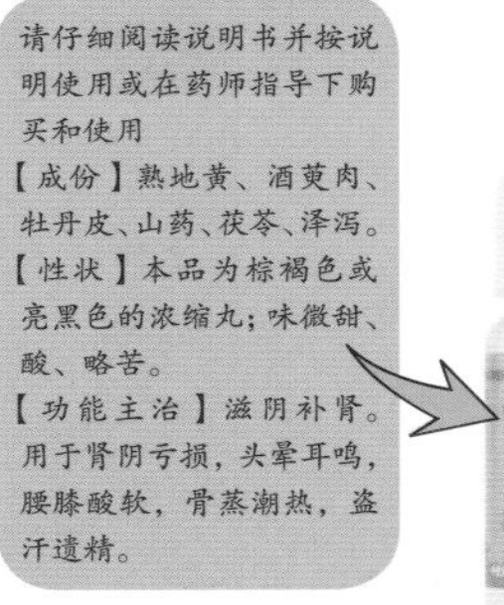
请仔细阅读说明书并按说明使用或在药师指导下购买和使用
【成份】熟地黄、酒萸肉、牡丹皮、山药、茯苓、泽泻。
【性状】本品为棕褐色或亮黑色的浓缩丸；味微甜、酸、略苦。
【功能主治】滋阴补肾。用于肾阴亏损，头晕耳鸣，腰膝酸软，骨蒸潮热，盗汗遗精。

“牡丹故里，康养垫江”，因盛产牡丹，重庆垫江还是闻名全国的丹皮之乡，其中种植面积最大的太平镇还有“丹皮之乡”的美誉。丹皮，即牡丹干燥的根皮，其药用成分主要是丹皮酚。牡丹皮的药用可追溯到秦汉，当时被列为上品，是名贵的药材，秦汉时的医书《神农本草经》中就有关于牡丹的记载。此后的《华佗神医秘方》和《本草纲目》等医书中，均详细地记载了丹皮的药用价值。据统计，我国有 1300 多个药方涉及丹皮，比如它是“六味地黄丸”等著名中成药的主要原料。另外，随着丹皮消炎、抗过敏、抗病毒、提高免疫力、祛斑美白等药效的不断发现，其应用范围正不断向化妆品、保健品等领域延伸。

留住自然的颜色

植物染色是以植物的根、茎、叶、花、果实、种子等为染料，为面料着色的技艺。利用植物进行的敲拓染色，是最自然且操作比较简单的一种染布方式。虽说任何季节都可以敲拓染，但谷雨时节可谓是敲拓染的最佳时期。因为谷雨时植物各器官中含水量多，而进入夏季后植物含水量逐渐变少，秋冬季植物又有枯叶凋落的现象，导致敲拓效果变差。且谷雨时，也常遇园林修剪植物枝叶、园艺造型，就让我们在此时采捡修剪遗落的枝叶花果，留住自然的颜色吧。容易取材、又易敲拓、颜色鲜艳、形状特别、固色度好的敲拓染植物材料有红花檵木、鸡爪槭、三角梅、金鸡菊等。

红花檵木

鸡爪槭

三角梅

金鸡菊

植物敲拓染

敲拓染作品欣赏

材料用具　白布2块，采集的新鲜植物的叶和花等，小锤或鹅卵石。

方法步骤

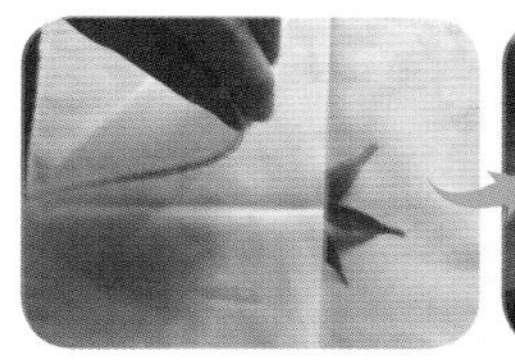

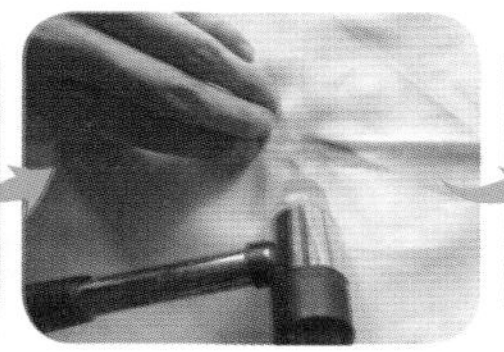

1. 将采集来的植物材料放在两块白布的中间。放置植物材料时，应叶片正面朝上，花瓣反面朝上，这样敲拓出来的颜色较深。

2. 用锤子或鹅卵石开始敲拓，依照先敲叶片边缘，再敲叶脉，最后敲叶肉的原则，用力均匀，能把植物色素敲出来即可，色素便慢慢地均匀地渗透到布上。

3. 敲好后轻轻将两块布分开，将植物材料取出。

4. 由于植物色素遇空气容易变性褪色，所以敲拓染作品可以用毛笔蘸取铁锈水、盐水或明矾水轻描在敲拓染色处，用以固色。再用熨斗熨平，可装裱后做成装饰画，还可以用来做抱枕、背包、书封、书签等。

敲拓染创意作品

辨识“花王”和“花相”

牡丹和芍药被称为“花中二艳”，牡丹是“花王”，芍药是“花相”，两者外形极为相似。牡丹在谷雨时节开放，而芍药的花期是 5 月上旬，时值立夏。请同学们按照下方的提示，观察记录牡丹的相关特征，等到 5 月上旬芍药悄然待放时，按照同样的方法对芍药进行对比观察，最后整理出一份关于牡丹和芍药的自然观察笔记。

知识加油站

花的着生位置：
顶生：花朵长在茎的枝顶上。
腋生：花朵长在茎的叶腋部位。

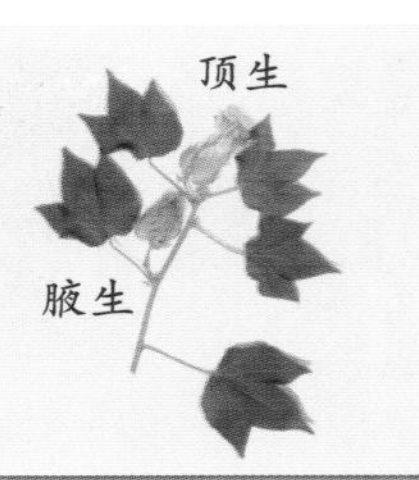

根据茎的性质分类：
草本植物：茎内木质不发达，茎干柔软，植株矮小，生命周期较短的植物。
木本植物：茎内木质部发达，茎的质地坚硬，系多年生的植物。

根据叶片边缘的形状，叶裂有所区别：
浅裂：叶片缺刻最深不超过叶片的 1/2。
深裂：叶片缺刻超过叶片的 1/2，但未达中脉或叶的基部。
全裂：叶片缺刻深达中脉或叶的基部。

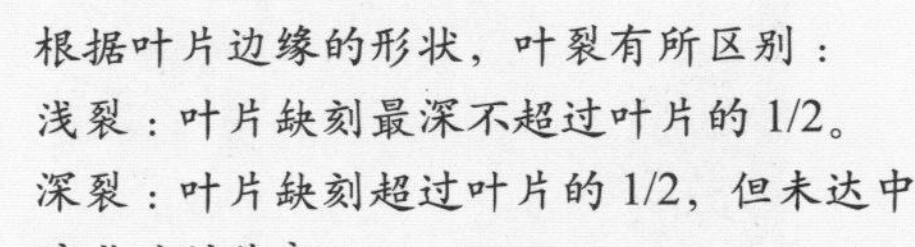

芍药的叶

牡丹的叶

你还在为万物勃发的春天即将逝去而伤感吗？

五彩缤纷的夏天已经悄悄来临了，

让我们一起以最热情的方式拥抱夏日的到来！

立夏

【唐】长卿

南疆日长北国春，蝼蛄聒噪王瓜茵。
新尝九荤十三素，谁家村西不称人。

节气概述

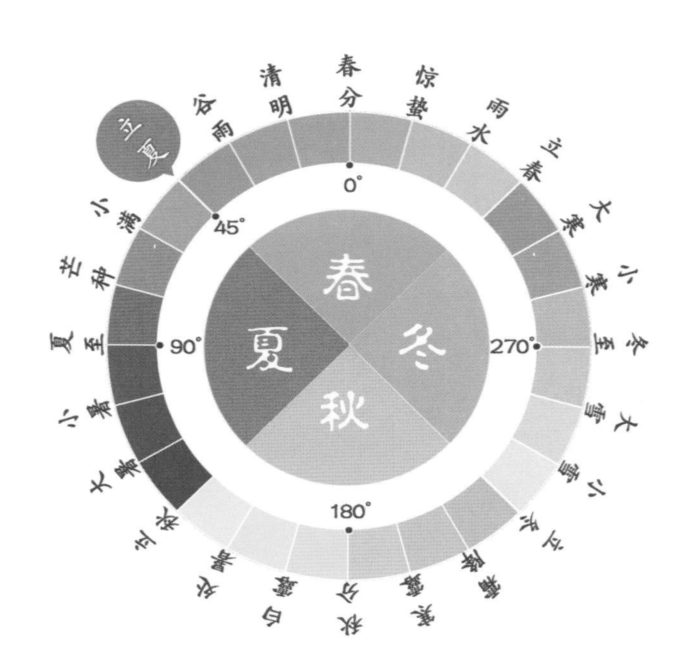

立夏，是夏季的第一个节气，时间点在 5 月 5—7 日，这时太阳到达黄经 45°。“立”，为建立、开始。“夏”，假也，物至此时皆假大也。“假大”是指植物进入快速生长期。“立夏”意思即春天的植物已经开始长大长高，这一时期农作物进入生长旺季。

气象学上将日平均气温或 5 天滑动平均气温大于或等于 22 ℃作为夏季开始的标准。立夏前后，我国只有福州到南岭一线以南地区真正进入到“绿树阴浓夏日长，楼台倒影入池塘”的夏季，其他大部分地区气温在 18 ～ 20 ℃，正值“百般红紫斗芳菲”的仲春和暮春时节。从 5 月开始，重庆大部分地区相继进入夏季，中西部地区相对较早，东北部和东南部入夏稍晚一些，城口及酉阳最迟，大约在 6 月中旬。此时，李子挂果，龙眼花开，柳叶马鞭草、酢浆草也悄然绽放。蚯蚓钻出土壤透气，瓢虫在花草丛中舞动身姿，蝼蛄、青蛙开始鸣叫，拉开了夏天的序曲。

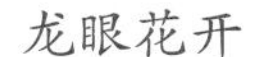
龙眼花开

马鞭草开花

瓢虫

青蛙抱对

走近三候

一候　蝼蝈鸣

“蝼蝈鸣”中的“蝼蝈”有两种解释：蛙或蝼蛄。

古云，“蝼蝈，蛙也”。立夏之后，经常会听到水塘里的青蛙此起彼伏的“呱呱呱”鸣叫声。不由让人想起佳句——“稻花香里说丰年，听取蛙声一片”。

然而在《月令七十二候集解》中，把昼伏夜出的蝼蛄大声鸣叫也称为“蝼蝈鸣”。

二候　蚯蚓出

蚯蚓常穴居在潮湿、疏松和肥沃的泥土中。立夏后，雨量和雨日明显增多，过多的雨水把土粒缝隙中的空气挤压出去，土中的蚯蚓会因缺氧纷纷爬到地面呼吸，故曰“蚯蚓出”。所以在这个季节经常能见到在地面爬行的蚯蚓。

三候　王瓜生

王瓜是多年生草质藤本植物，分布于西南、华东、华南和华中地区，其果实、根、种子均可入药。大部分生长在山坡疏林中或灌丛中。在立夏时节，由于温度升高，雨水增多，王瓜的藤蔓开始快速攀爬生长。5—8月便会开花，8—11月便会结出红色的果实，远远看去，就像一个个诱人的大樱桃一般。

拓展视野

寻声识蛙

立夏时节，在野外经常听到此起彼伏的蛙鸣，这是雄蛙求偶的叫声。每年4—6月是很多蛙类的繁殖旺季，此时雄蛙靠鸣叫吸引雌蛙前来抱对产卵。受精卵在水中发育形成蝌蚪，蝌蚪再经过变态发育形成成蛙，发育过程需要大约60天。所以在春夏之交，我们常常在水中看到成群活动的蝌蚪。那么，我们所看到的蝌蚪一定是蛙的幼体吗？那不一定。大家所熟悉的蟾蜍（俗称癞蛤蟆），其幼体也是蝌蚪。

蟾蜍和蛙都属于两栖动物，在生命的各个阶段都有相似之处，那么我们该如何去区别蛙和蟾蜍呢？下面我们就以常见的黑斑侧褶蛙和中华蟾蜍为例，来对比了解一下。

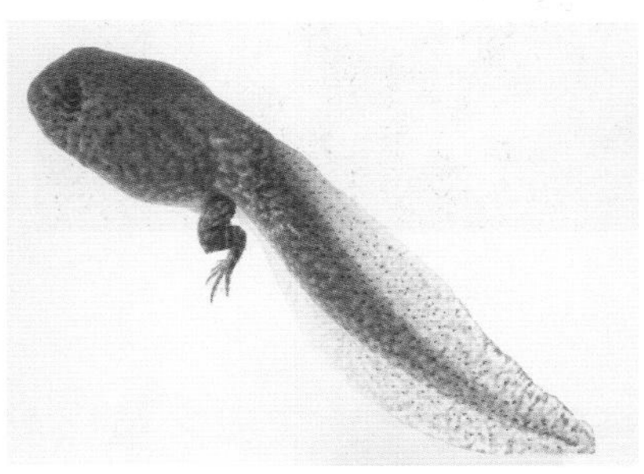

黑斑侧褶蛙

受精卵：蛙卵被胶状物质包裹成块状或团状，俗称卵块。卵块常浮在水面。同时胶状物质也可为刚孵化出的小蝌蚪提供营养。

幼体：水生。蛙的蝌蚪体色较浅，皮肤较透明，常可见内脏，躯干较大，呈类圆形，尾较长，口在头部前端。

成蛙：水陆两栖。体色一般为黄绿色，其中散布着黑斑，背面有三条白纹，腹部白色，头部呈三角形。后肢发达，擅长跳跃。雄性有鸣叫求偶现象。

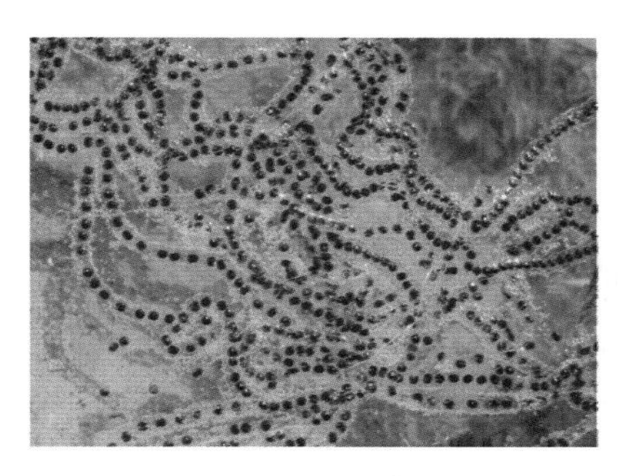

中华蟾蜍

受精卵：蟾蜍卵被胶状物质包裹成手指粗的长线形卵带。

幼体：水生。蟾蜍的蝌蚪体色较深，躯干较长，尾巴较短，口在头部前端腹面，个体偏小。喜欢扎堆生活。

成体：水陆两栖。体型一般比蛙类大，皮肤粗糙呈黄褐色，上生有许多疙瘩，眼睛后方有一对大型毒腺，受刺激会喷射毒液，毒液可加工成中药蟾酥。雄性一般无鸣叫现象。

蛙和蟾蜍的种类很多，重庆常见的除了上述的黑斑侧褶蛙和中华蟾蜍以外，还有黑眶蟾蜍，泽陆蛙、沼蛙、白颌泛树蛙、寒露林蛙、巫溪树蛙和黔江林蛙等，其中，巫溪树蛙和黔江林蛙迄今只在重庆部分地区有所发现，为重庆特有蛙种。

幸运的三叶草

立夏时节，我们常在路边看到一些红色或黄色的小花成簇开放，它们长着极具特色的三瓣式叶片，这就是人们常说的三叶草吗？

其实，这种小草的学名叫作酢（cù）浆草，是酢浆草科酢浆草属的植物，常见的种类有红花酢浆草和黄花酢浆草等。它的叶是掌状复叶，由三片心形的小叶构成，这是酢浆草的一个重要特征。也许你还曾经品尝过它的叶子，味道酸酸的，这是由于它富含草酸，因此也被称为酸浆草。

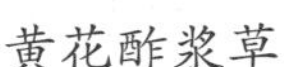

黄花酢浆草

红花酢浆草

白花车轴草

在我们生活中被称为三叶草的植物，除了酢浆草以外，还有一种学名为白花车轴草的植物，它属于豆科车轴草属，也具有含三片小叶的复叶。与酢浆草不同的是，它的小叶叶片呈倒卵形，且边缘具有锯齿状结构，最明显的特征是它的每片小叶上还具有一道白色的“V”字斑纹。

那么这两种植物到底谁才是真正的三叶草呢？如果从拉丁文学名上来看，白花车轴草学名中的属名为：*Trifolium*，这里面 *tri* 是三的意思，而 *folium* 是叶的意思，因此，从生物命名法来追根溯源的话，车轴草才是传统说法中的三叶草。

在西方传说中有一种非常难得一见的四叶草，相传谁能找到它，谁就会收获好运。其实传说中的四叶草就是车轴草的一种基因突变种，这种突变出现的概率很低，据说大约 10 万片车轴草中才会出现一片四叶草，而酢浆草发生这种变异的概率则更低，因此，四叶草确实少见，能发现一片四叶的三叶草也算是一种难得的幸运了。

四叶草

无论是四叶草还是三叶草，我们都可以通过制作琥珀标本的方式，把这份美丽和幸运长留在我们身边。

制作三叶草琥珀标本

材料用具

新鲜三叶草叶片，环氧树脂A胶和B胶，硅胶模具，玻璃棒（用于搅拌），电子秤（或量杯），一次性纸杯。

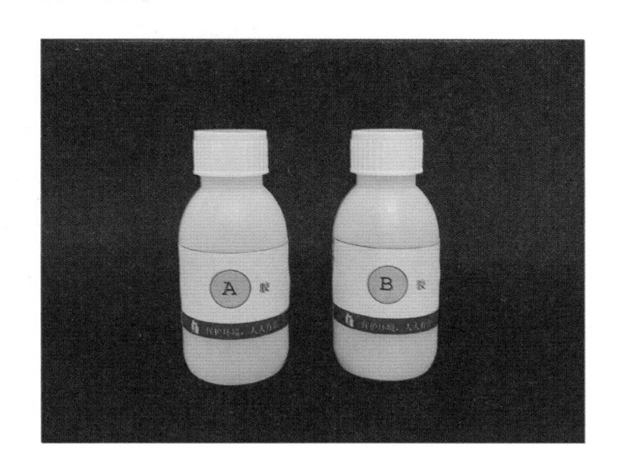

注意事项：环氧树脂AB胶也称水晶滴胶，常见的有快干胶和普通胶。普通胶硬度高，干燥时间长；快干胶硬度低，干燥时间短。两种胶都分为A、B胶，A胶和B胶必须按规定比例混合才能成功做出成品，使用前请务必仔细阅读产品的标签说明。

方法步骤

1. 按比例分别称取A胶和B胶，普通胶：A胶30 g（25 mL），B胶10 g（10 mL）；
快干胶：A胶20 g（18 mL），B胶10 g（10 mL）。

2. 将A胶和B胶混合，搅拌均匀，搅拌时间大约为1分钟。

3. 将搅拌好的混合胶倒入模具至1/2处，再向模具中放入标本。待第一层胶干了之后再向其中加入第二层胶，静置，等待凝固。普通胶的凝固时间约为1天，快干胶为2～4小时。

4. 胶体完全凝固后，取出，用砂纸进行打磨，使边缘更加平滑美观。

琥珀标本制作简单，成品美观耐保存。除了三叶草，我们还可以用相同方法制作一些其他植物或者小昆虫的标本，来凝固大自然的美丽。

立夏三鲜之枇杷

立夏时节物产丰富，樱桃、杏和枇杷大量上市，被称为“立夏三鲜”。枇杷，因叶形似“琵琶”而得名。重庆南岸区的广阳镇因其独特的地理环境——低丘宽坝、气候湿润，所产枇杷果大皮薄，籽少味甜、肉质细嫩化渣，深受人们的喜爱，被称作“中国枇杷之乡”。枇杷秋日养蕾，冬季开花，春来结实，夏初果熟，承四时之雨露，堪称“果木中独备四时之气者”。

枇杷叶

枇杷花

枇杷果

枇杷，有人喜欢鲜食，也有人喜欢做成蜜炼枇杷膏。蜜炼枇杷膏有止咳化痰、清肺润燥的作用，对于干咳、咽干、咽痛有很好的效果。

制作蜜炼枇杷膏

材料用具

枇杷 5 kg，冰糖（或白糖）1 ～ 1.5 kg，蜂蜜 0.5 kg，刀，不锈钢锅，盆，勺子，密封瓶，电磁炉。

方法步骤

1. 新鲜的枇杷洗干净，用淡盐水浸泡 5 ～ 10 分钟。
2. 将枇杷去皮、去籽，剥出果肉。
3. 把枇杷果肉切成小块。
4. 将枇杷果肉放入锅中，加入敲碎的冰糖，翻动至冰糖分散均匀，中火熬制。
5. 待冰糖融化，枇杷也开始出水时，改小火继续熬制。熬制过程中不时用勺子搅拌，以免粘锅。
6. 熬至枇杷变成琥珀色，汤汁浓稠时关火，全过程大约 1 ～ 2 小时。
7. 待枇杷膏凉至 20 ～ 30 ℃，倒入蜂蜜拌匀，然后装入干净的瓶中密封。
8. 放置冰箱冷藏室内保存。

小满

你有没有发现桃李新熟，白兰花开？
你有没有观察到蜓立荷角，作物旺盛？
这就是小满时节。

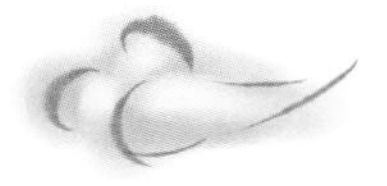

四时田园杂兴（其二）

【宋】范成大

梅子金黄杏子肥，麦花雪白菜花稀。
日长篱落无人过，惟有蜻蜓蛱蝶飞。

节气概述

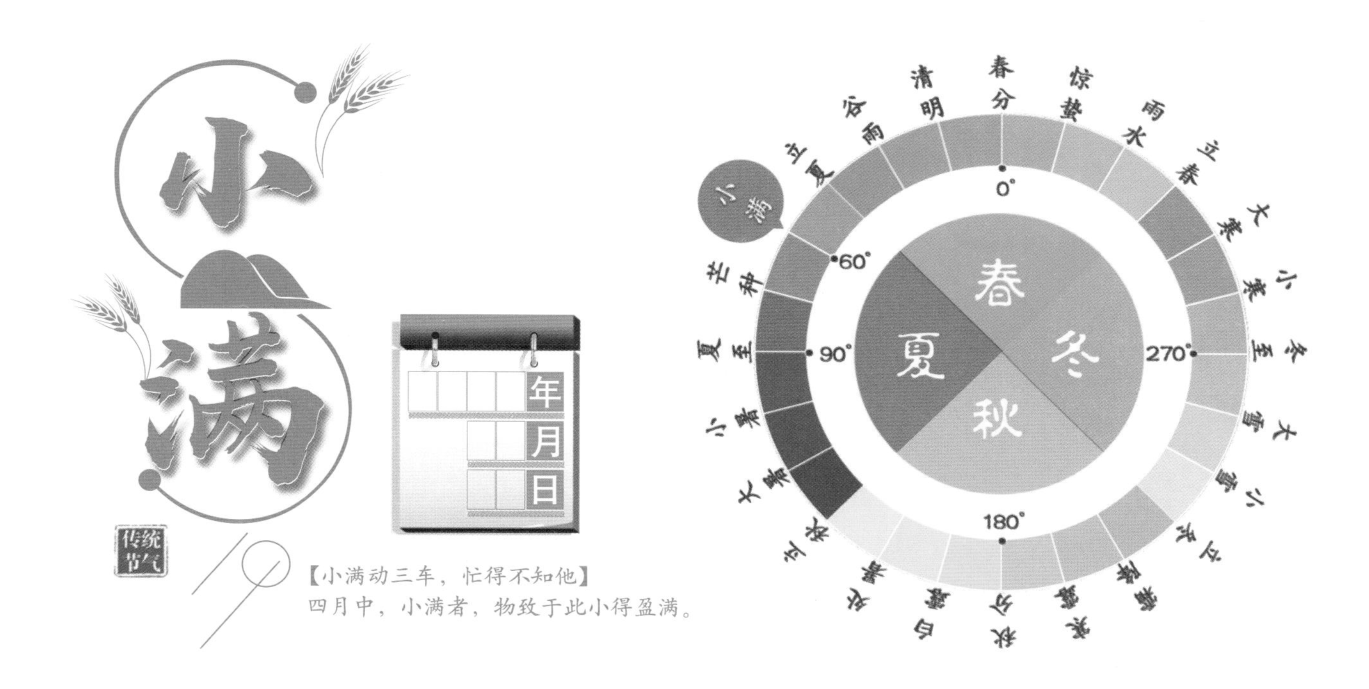

小满，是夏季的第二个节气，时间点在 5 月 20—22 日，这时太阳到达黄经 60°。小满的名字有两层含义，第一层含义与作物生长有关，小满之后，我国北方地区的麦类等夏熟作物灌浆乳熟，籽粒开始饱满，但还没有完全成熟，因此称为小满。第二层含义与降水有关，我国南方地区用“满”字形容水量，有“小满不满，干断田坎”的说法，意思是说，小满时田里如果蓄不满水，就可能造成田坎干裂，影响植物生长。

小满时节，南北温差进一步缩小，降水也逐渐增多。这时候，全国平均气温达到 20 ℃以上，南方一些地区陆续进入气象学意义上的夏季，虽然黄河以南到长江中下游地区的一些城市，开始出现 35 ℃以上的高温，但这并不意味着天气会如铄石流金般炎热火辣。酷夏未至，春寒已远，所以，小满是一年中最均衡、理想、美妙的日子。重庆的小满时节，麦冬花开，榴花似火，桃李新熟，蜓立荷角，好一幅迷人的初夏风光图！

麦冬花开　　榴花似火　　桃子新熟　　蜓立荷角

走近三候

一候　苦菜秀

小满时节，万物小得盈满尚未丰收，正是青黄不接之际，而此时苦菜正枝繁叶茂。苦菜一般理解为菊科苦苣菜属一类的植物。在过去穷苦的日子里，百姓们不得不挖苦菜充饥。食用苦菜在我国有悠久的历史。

二候　靡草死

方氏曰：“凡物感阳而生者，则强而立；感阴而生者，则柔而靡。”根据古籍的著述，所谓靡草应该是一类喜阴的植物。小满时节，天气渐热，阳光渐毒，全国各地开始步入夏天。靡草耐不住太阳暴晒都死了，这种现象正是小满节气阳光增强的标志。

三候　麦秋至

麦秋的“秋”，指的是百谷成熟之时。虽然时间还是夏季，但对于麦子来说，籽粒逐渐饱满，到了成熟的“秋”，所以叫作麦秋至，意味着收获的前奏。小满之后的芒种时节，人们就会趁着晴好天气抢收小麦。

拓展视野

小满小满，麦粒渐满

小满时节的麦，是秋播夏收的冬小麦，往往在前一年的 9、10 月份播种，度过一冬的休眠期后，于次年春天返青拔节，在立夏时节抽穗开花，到了小满，冬小麦刚刚进入灌浆期，麦粒开始饱满。小麦亟须薰风暖熟，虽然仍是一片青绿，但有着一股蓄势待发的劲头，古人把农历四月天叫作麦天，在这样的天气里，氤（yīn）氲（yūn）着的麦子将熟之气，则为麦气。晴日暖风生麦气，绿阴幽草胜花时，这股麦香只有经过小满时节的麦田才能闻到。

小麦属于单子叶植物，草本，叶脉为平行脉，花基数为 3，果为颖果，种子仅有 1 枚子叶，根系为须根系。

小麦

叶：平行脉

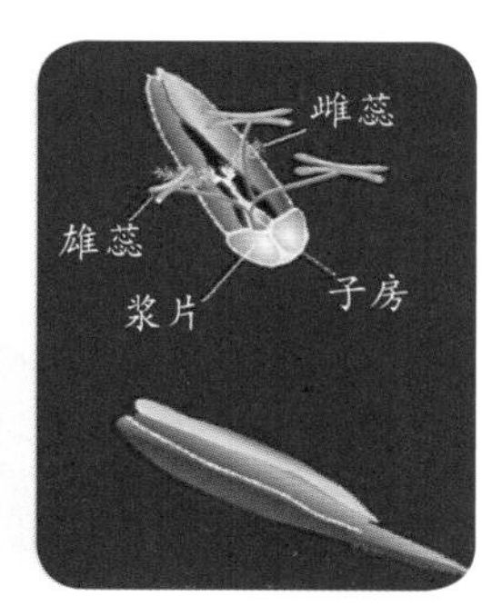

花：3 雄蕊，1 雌蕊

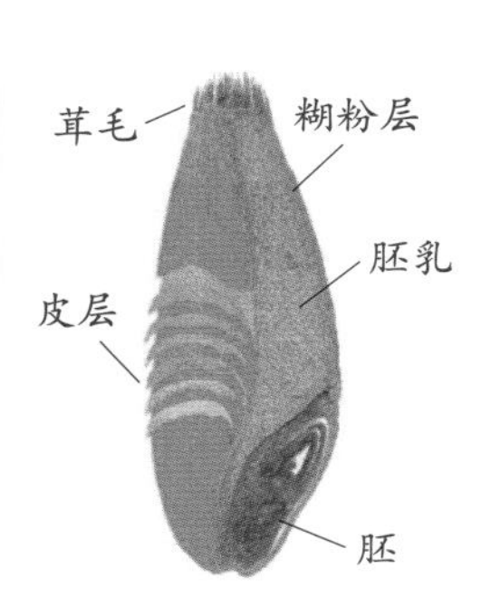

果实：1 子叶，有胚乳

根：须根

小麦的生长发育过程，大体可分为 3 个阶段：营养生长阶段（从种子萌发到分蘖）、营养生长和生殖生长并进阶段（从拔节到孕穗）、生殖生长阶段（从抽穗到成熟）。在最后一个阶段，籽粒形成后就进入灌浆期，将通过光合作用产生的淀粉、蛋白质等有机物储存在籽粒中，小麦种子富含各种营养成分，自古以来小麦就是世界三大粮食作物之一。

检测小麦粉中含有淀粉和蛋白质

【淀粉的检测】

材料用具

10 mL 试管 2 支，小麦种子（也可以用小麦粉），稀碘液，清水，量筒，小烧杯。

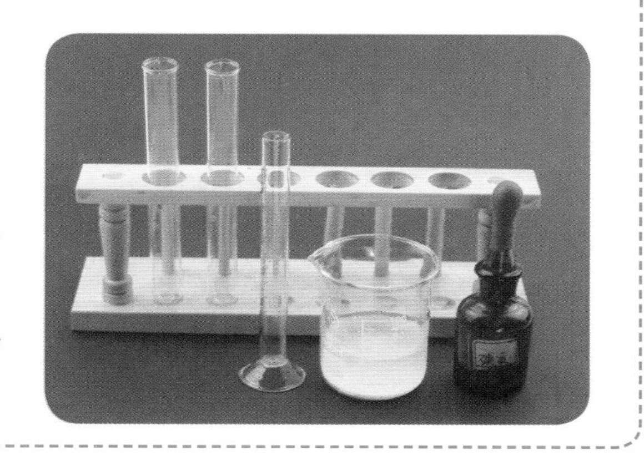

方法步骤

1. 制备小麦种子匀浆或在装有 1 g 小麦粉的小烧杯中加入 49 mL 清水并搅拌均匀待测。

2. 分别向甲、乙两支试管中加入 2 mL 待测液和清水。

3. 依次向两支试管中滴加 5 滴稀碘液，混合均匀，观察比较甲、乙两试管中发生的颜色变化。

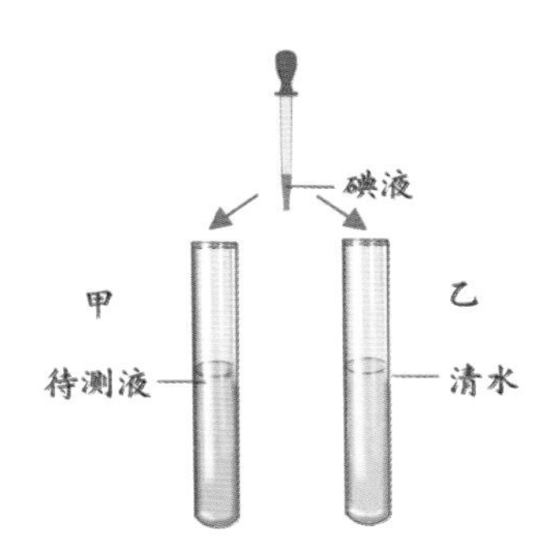

观察现象，得出结论

你观察到的实验现象是＿＿＿＿＿＿＿＿＿＿＿＿＿＿＿＿，你得出的实验结论是＿＿＿＿＿＿＿＿＿＿＿＿＿＿＿＿。

【蛋白质的检测】

材料用具

10 mL 试管 2 支，小麦种子匀浆（也可以用小麦粉），清水，小烧杯，双缩脲试剂（A 液：质量浓度为 0.1 g/mL 的氢氧化钠溶液；B 液：质量浓度为 0.01 g/mL 的硫酸铜溶液）、量筒。

提示：双缩脲试剂是一种用于鉴定蛋白质的化学试剂。在碱性溶液中，双缩脲能与 Cu^{2+} 作用，生成紫色络合物，即双缩脲反应。因为蛋白质分子中含有很多与双缩脲结构相似的肽键，所以也能与 Cu^{2+} 在碱性溶液中发生双缩脲反应显紫色。

方法步骤

1. 分别向甲、乙两支试管中加入 2 mL 待测液和清水。

2. 依次向两支试管中加入 1 mL 双缩脲试剂 A 液和 4 滴双缩脲试剂 B 液，混合均匀，观察比较甲、乙两试管中发生的颜色变化。

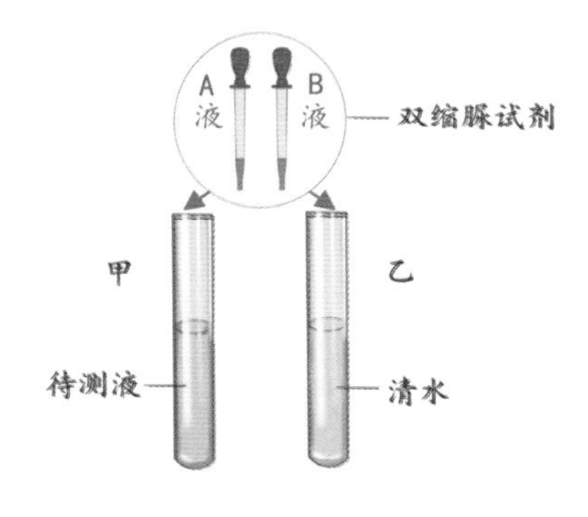

观察现象，得出结论

你观察到的实验现象是＿＿＿＿＿＿＿＿＿＿＿＿＿＿＿＿，你得出的实验结论是＿＿＿＿＿＿＿＿＿＿＿＿＿＿＿＿。

水果皇后，蓝莓熟了

小满到了，又到蓝莓采摘的时节。蓝莓属杜鹃花科越橘属植物，起源于北美，近年来有不少蓝莓采摘果园在重庆多地“安家落户”。蓝莓是联合国粮食及农业组织推荐的五大健康水果之一，具有防止脑神经老化、保护视力、抗癌、软化血管、增强机体免疫力等功能，营养成分较高。蓝莓的花芽一般着生在枝条顶部，花序为总状花序，大部分侧生。春季花芽先萌动，3 ~ 4 周后进入盛花期，小满时节蓝莓果实陆续成熟，鲜果不易储存，可以制成果酱或果酒。

蓝莓花

蓝莓果

蓝莓果酱

蓝莓表层的白霜是天然形成的蓝莓果粉，其中包括蓝莓在生长过程中形成的一层蜡质，可以保护蓝莓，减缓果实的失水速率，同时还让蓝莓表面不容易因为湿度过高而滋生真菌。白霜还是蓝莓新鲜的标志，蓝莓品质越好，果粉就越多。

重庆江津，花椒之乡

小满时节，是青花椒采摘上市的时候。重庆江津是我国著名的“花椒之乡”，早在公元 14 世纪的元朝就开始种植花椒。江津花椒，叶片多至九叶，故得名“九叶青”。

花椒能起到治病的作用，对降低血压、缓解牙痛都非常好，更兼有治疗肾虚耳鸣、明目、祛脚气的功效。重庆的小满时节，多雨，湿气重，可以用青花椒泡脚缓解。

叶

芽

花

果实

九叶青青花椒

“花椒”是我国的八大调味品之一，九叶青青花椒果实饱满、色泽油润、清香扑鼻、麻味纯正，食之可增食欲，是烹饪调味之佳品。川、渝、云、黔是花椒消费的集中地。仅重庆每年对花椒（干）的需求量就在 8000 吨以上。花椒可以干燥保存，也可以冷冻保鲜，制成的花椒油更是深受人们喜爱的调味品。

青花椒油主要是从青花椒中提取的呈香呈味物质，色泽丹红，芳香浓郁，加入菜品可以增加色泽和麻辣滋味。小满时节是青花椒大量上市的时候，你可以去菜市场寻找并观察它，感兴趣的话也可以去重庆江津、酉阳、荣昌的青花椒基地了解相关知识，你还可以体验采摘青花椒的快乐并且按照下面的方法，在家里尝试制作青花椒油！

尝试制作青花椒油

材料用具

鲜青花椒，植物油（菜籽油），盆，锅，漏勺，漏斗，瓶子。

方法步骤

1. 采摘或购买新鲜青花椒 1000 g。

2. 将鲜青花椒洗净晾干水，装入盆中。

3. 锅里倒入植物油（1500 mL），烧至油里无泡即可。

4. 将锅里的油倒入装鲜青花椒的盆中，冷却。

5. 等油晾凉后，用漏勺过滤掉青花椒。

6. 最后用漏斗把过滤好的花椒油装瓶即可。

注意事项

小心滚烫的油溅出来，烫伤皮肤。

分享交流

记录制作过程中的心得体会，并和同学一起分享。

芒种

收小麦、插稻秧、移栽玉米，
农民开始了忙碌的田间生活，
芒种来了……

芒种五月节

【唐】元稹

芒种看今日，螳螂应节生。
彤云高下影，鴳鸟往来声。
渌沼莲花放，炎风暑雨情。
相逢问蚕麦，幸得称人情。

节气概述

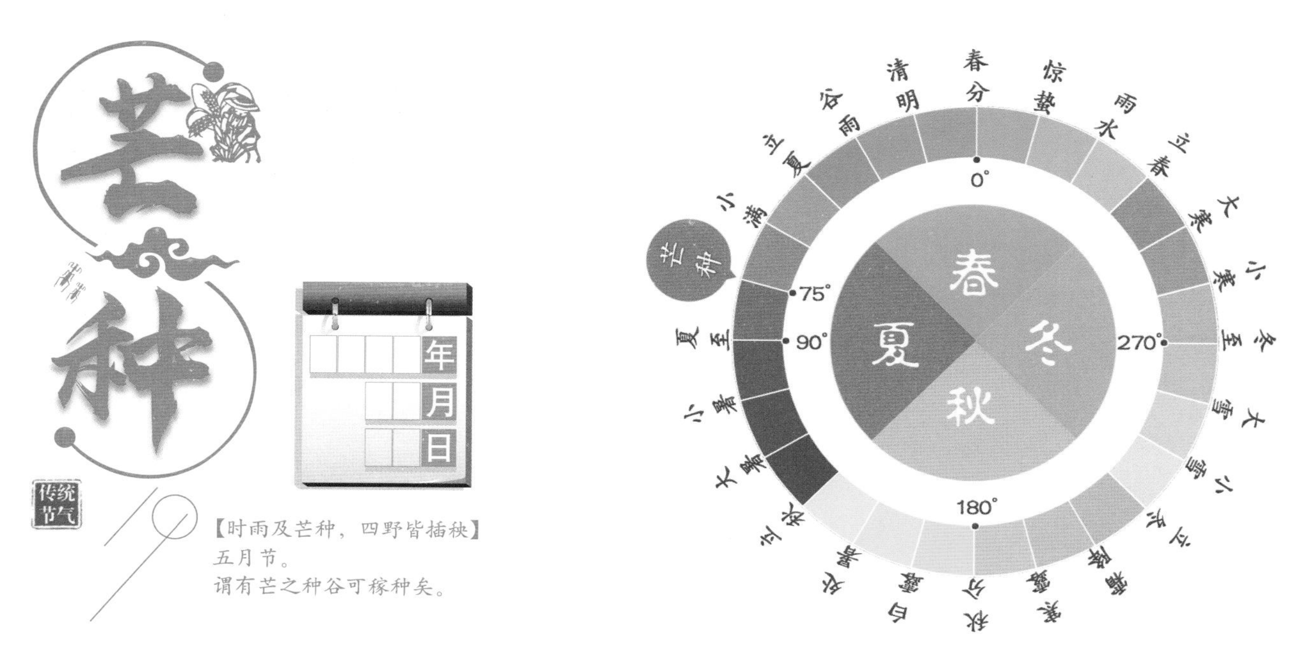

芒种，是夏季的第三个节气，时间点在6月5—7日，这时太阳到达黄经75°。芒种，忙收忙种，是一个典型的反映农业耕作的节气：小麦等夏熟作物忙着抢收，晚谷等夏播作物忙着播种，此外，春天种下的棉花等作物进入生长高峰，需要大量水和肥料，因此，芒种也是春播作物管理的关键时候。“秧苗入土四野香，自南向北皆农桑”说的就是芒种时节的繁忙景象。

芒种代表着仲夏时节的开始。从气象学角度来讲，此时除了青藏高原和北方一些地区还是春季以外，全国各地平均气温已经超过了22 ℃，某些地区会出现超过35 ℃以上的高温天气，但一般不会持续。芒种节气雨量充沛，华南雨带稳定，是一年中降水量最多的时节；长江中下游地区雨日多，雨量大，日照时数少，由于当地正值梅子黄熟，因此也称“梅雨”季节。对地处西南的重庆而言，平均气温超过24 ℃，夏日气息更浓。降水量接近100 mm，雨日为一年中最多，故巴渝田间有“抢晴”一说，意为趁雨停的短暂空隙，抓紧收获小麦等夏熟作物。此时，石柱县的莼菜迎来丰收，村民们忙着采摘。市区街头紫薇初放，庭院里芒种花开，美人蕉绚烂，渲染出一幅色彩夺目、明艳动人的夏之画卷。

石柱采“莼”忙　　紫薇初放　　芒种花开　　美人蕉绚烂

走近三候

一候　螳螂生

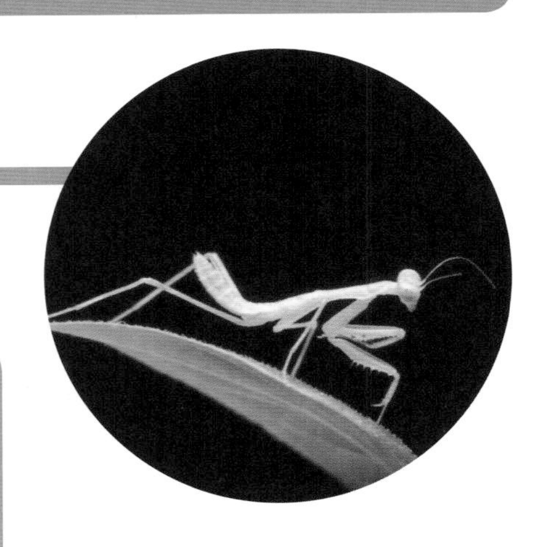

螳螂，无脊椎动物，是肉食性昆虫。其生活周期在一年内完成，一生经过卵、若虫、成虫三个发育阶段，属于不完全变态发育。螳螂在前一年深秋产卵于林间的树枝、树皮，产卵时雌性一般头朝下，从腹部先排出泡沫状物质，然后在上面产卵，泡沫状物质很快凝固，形成坚硬的卵鞘包裹着卵。次年芒种时节，温度升高后小螳螂会破壳而出。

二候　䴗（jú）始鸣

䴗又叫伯劳鸟，是一种食肉的小型雀鸟，生性凶猛，是重要的食虫鸟类。芒种时节正是伯劳鸟的繁殖期，因此鸟儿开始频繁鸣叫以吸引异性。成语“劳燕分飞”的“劳”指的就是伯劳鸟。

三候　反舌无声

一说“反舌”即反舌鸟，能仿效别的鸟叫，叫声婉转，韵律多变，因此又称“百舌鸟”，也叫乌鸫（dōng）。芒种时节反舌鸟进入孵化哺育期就不再仿效别的鸟叫，即所谓反舌无声。

还有一种说法认为“反舌”特指中华大蟾蜍，因为其舌根长在口腔的前面，舌尖向后，故为“反舌”；芒种时节蟾蜍大量出来活动，因其没有声囊，故为“无声”。

拓展视野

揭秘芒种，识五谷

“芒种”的字面意思是“有芒的麦子快收，有芒的稻子可种”。芒种节气抢收、抢种的大麦、小麦、水稻、黍（shǔ）、稷（jì）等都是我国人民生活中重要的粮食作物。而这些作物大多属于“五谷”。

五谷原指我国古代所称的五种谷物，后泛指粮食作物。对于“五谷”，古代有多种不同说法，最主要的有两种：一种是稻、黍、稷、麦、菽（shū，豆类）；另一种是麻、黍、稷、麦、菽。前者有稻无麻，后者有麻无稻。因为有的地方气候干旱，不利于水稻的种植，因此有将麻代替稻，作为五谷之一。因最初的经济中心在北方，水稻又主要产于南方，所以较早流行的“五谷”中没有“稻”。《论语》云：“四体不勤，五谷不分，孰为夫子？”那么你能分得清吗？

小麦，是一年或二年生单子叶禾本科植物。其花芽的形成和花的发育需要经历低温条件。我国北方冬季寒冷干燥，有利于小麦花芽的形成，较大的昼夜温差也利于其蛋白质的形成，从而大大提高其产量，所以小麦多在北方栽种。

水稻，是一年生单子叶禾本科植物。水稻喜欢高温多雨的条件，所以多在南方栽种，是重庆地区的主要粮食作物之一。

小麦和水稻的果实上具有“芒”——一种像刺一样的针状物，因此都称作有芒作物。

黍[1]是禾本科一年生植物，喜欢高温、干旱的环境。黍是北方的一种粮食，去皮后颜色发黄，所以通常也叫黄米。有黏性，是粽子的原料之一，也可用来酿酒、做油糕。

稷[1]通常指小米，又名粟，是一种禾本科植物，果实比黍略小。稷耐高温，喜欢干燥的气候，它的生命力非常顽强，几乎在所有土地上都可以生长。

小麦、黍、稷都在旱地栽培，在其生长过程中，如果碰上连续阴雨，又没能及时把地里的积水排走，长时间的浸泡就可能会使作物的根部腐烂，最后导致死亡。水稻却与它们不同，生活在水田里，根却不会腐烂，反而能茁壮生长。这是为什么呢？

长期的水田生活使水稻的根形成了适应水淹缺氧环境的结构——气腔，它是由水稻根尖皮层组织中的细胞分离，细胞间隙扩大而形成的。气腔不但贯穿于整个水稻根部，还与茎和叶的气腔相通，上下形成一个完善的通气系统。这样叶片吸收的氧气通过叶鞘和茎的通气组织输送到根系，供根系呼吸，同时将根部产生的二氧化碳、甲烷、硫化氢等废气排出体外。

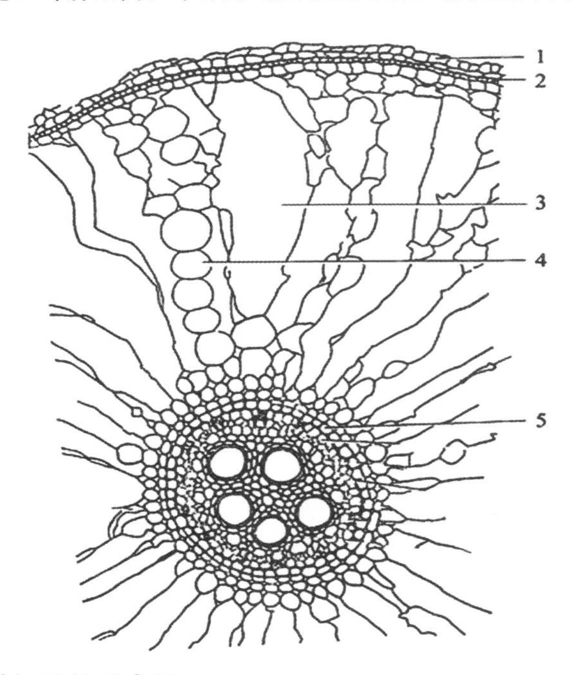

水稻老根横切结构示意图

1. 表皮；2. 外皮层；3. 气腔；4. 残余的皮层薄壁组织；5. 内皮层

注释①：黍、稷到底指哪两种作物，学术界一直争论不休。有说稷为粟和稷为黍的，也有说稷为高粱，古代常将黍稷放在一起说，所以也有人认为黍、稷指的是同一种作物。

观察水稻、小麦根的横切结构

目的要求

1. 练习徒手切片。

2. 观察并比较水稻和小麦根的横切结构。

3. 观察水稻根的气腔，理解其适于水中生活的原因。

刀片锋利，注意安全！

材料用具

新鲜水稻根，双面刀片，小木板，镊子，盛有清水的培养皿，毛笔，滴管，纱布，吸水纸，载玻片，盖玻片，水稻根横切永久切片，小麦根横切永久切片，显微镜。

方法步骤

一、练习徒手切片，制作水稻根横切的临时切片

1. 将新鲜水稻根平放在小木板上。

2. 右手捏紧刀片，沿着与根垂直方向，迅速切割。

3. 要多切几次（每切一次，刀片要蘸一下水），把切下来的薄片放入水中。

4. 用毛笔蘸出最薄的一片，制成临时切片。

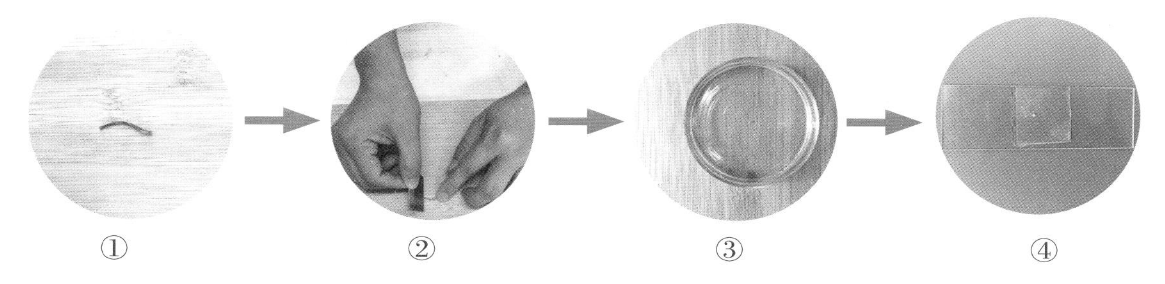

二、观察植物根的结构

1. 用显微镜先观察水稻根横切的临时切片，再观察水稻和小麦根横切的永久切片。

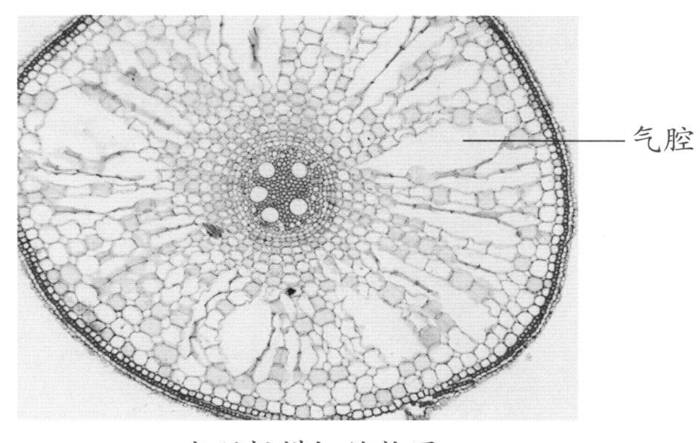

水稻根横切结构图

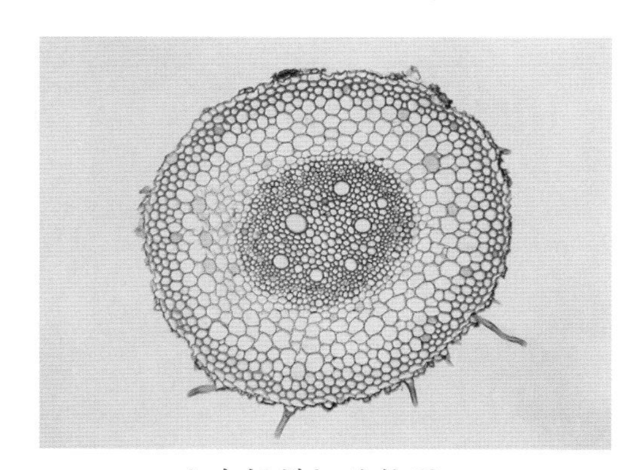

小麦根横切结构图

2. 参照上面水稻根横切结构图，在显微镜下找出水稻根的气腔。找找看小麦根的横切结构中有没有气腔。

思考讨论

想一想，为什么水稻根有气腔而小麦根却没有？这与它们生活的环境有什么关系？

芒种话端午

吃粽子、饮雄黄酒、挂菖蒲、洗木兰草浴描述的是芒种期间最重要的节日——端午节（每年的农历五月初五）。在我国，端午食粽的风俗流传至今，每年的五月初，我国百姓家家都要洗粽叶、浸糯米、包粽子。你知道包粽子的“外衣”——粽叶来自什么植物吗？

粽叶种类繁多，我国各地所用的种类不同。芦苇叶、箬竹叶、芭蕉叶、荷叶、竹笋壳等都可以作为粽叶。一般都有叶片面积大、水煮后不破、有清香味等特点。我国北方粽叶以芦苇叶为主，南方以箬竹叶为主。

芦苇叶

箬竹叶

芭蕉叶

荷叶

竹笋壳

你知道重庆常用什么植物作粽叶吗？请同学们通过实物观察或查资料的方式，参考下表完成一篇重庆粽叶种类的调查报告。

重庆粽叶调查表

调查人__________ 班级__________ 调查时间__________

粽叶名称	所属植物	分布	叶片特征

通过调查，你可以制作粽叶图鉴，以 PPT 的形式跟同学分享吗？对粽叶有了更深入的了解，你还可以亲自体验包粽子的乐趣哟！

包粽子

夏至

你知道一年中哪一天的白天最长吗？
你注意到树上的蝉开始鸣叫了吗？
夏，已至……

思归（时初为校书郎）（节选）

【唐】白居易

夏至一阴生，稍稍夕漏迟。
块然抱愁者，长夜独先知。
悠悠乡关路，梦去身不随。
坐惜时节变，蝉鸣槐花枝。

节气概述

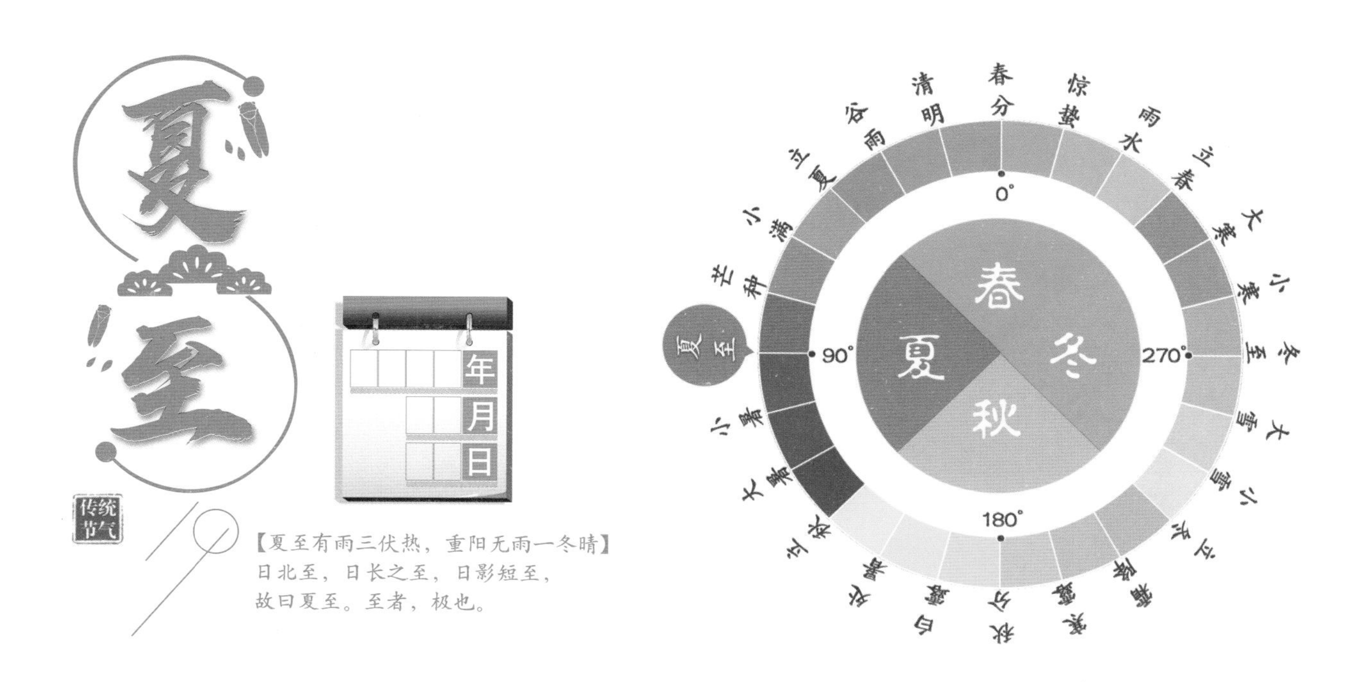

夏至，时间点在 6 月 20—22 日，这时太阳到达黄经 90°，夏至和冬至是二十四节气中最早被确定的。夏至日，太阳直射地面的位置到达一年的最北端，几乎直射北回归线，这是北回归线及其以北地区一年中正午太阳高度最高的一天，北半球各地的白昼时间会达到全年最长。“至者，极也”，这便是夏至。

夏至表示炎热的夏天已经到来，全国气温继续升高，降水量持续增多，长江中下游地区常处于降雨最盛的梅雨期。此时，重庆的日照时数增多，日最高气温开始超过 37 ℃，雨势更为急骤，小雨日和中雨日减少，大雨日、暴雨日和大暴雨日增多，有时会出现“东边日出西边雨”的景象。充足的光照，丰沛的雨量，使得山野田间呈现一派勃勃生机，葱兰、玉簪、萱草等鲜花争奇斗艳，绚烂夺目；杏、荔枝、杨梅等水果挂满枝头，让人垂涎欲滴；黄瓜、西红柿、茄子等时令蔬菜也轮番登场，热闹极了。与此同时，杂草、病虫也迅速滋长蔓延，农业生产上进入田间管理的关键时期，应及时去除杂草，避免其争夺养分，合理防治病虫害，提高作物产量。

萱草

葱兰

杏

杨梅

走近三候

一候　鹿角解

鹿，哺乳动物，成年雄鹿常有角，角有分枝，呈树枝状，分枝的多少与鹿的年龄有关。鹿角会周期性地生长、脱落。鹿角通常在春季新生，夏至节气脱落，古人把鹿角脱落谓之“鹿角解”。

二候　蝉始鸣

蝉，俗称知了（蛭蟟），是世界上寿命最长的昆虫之一，生长于温带至热带地区。每年夏至时节，蝉最后一次褪去外壳，便发育成熟，进入交配繁殖期。此时，雄蝉靠震动鼓膜发出嘹亮的歌声，以吸引雌蝉前来交配。

三候　半夏生

半夏，天南星科植物，俗称“麻芋子”，块茎有毒，但经炮制后可入药，有燥湿化痰、祛寒的功效。半夏喜阴，主产于南方各省（区、市），东北、华北、长江流域也有栽培。半夏常在每年夏至过半的时候开始出现，古人称为“半夏生”。

拓展视野

夏至识蝉

蝉，通常是指节肢动物门昆虫纲蝉科的一类动物，目前已知大约有3000种。我国常见的蝉有夏季鸣叫的黑蚱蝉、胡蝉、蟪蛄，也有在秋天鸣叫的寒蝉。每年夏秋季节，我们听到的蝉鸣，实际上是雄蝉正在发出求偶信号，吸引雌蝉前来交配。雄蝉腹面有发达的发音器，具有极强的发音能力，鸣声通常很大，雌蝉发音器构造不完全，不能发声。交配完成以后，雌蝉产下受精卵，开启一个新的生命周期。蝉的一生要经过受精卵、幼虫（又称若虫）、成虫三个阶段，属于不完全变态发育。蝉的一生大部分时间都处于幼虫期，成蝉根据品种不同，一般仅能存活几天到几十天。我国常见的黑蚱蝉在夏至节气开始鸣叫，寿命在5年左右，下面我们以黑蚱蝉为例，认识蝉的生命周期。

产卵

7月下旬，雌蝉开始用它腹部末梢的产卵管刺入细树枝的木质部，形成卵窝，产卵于其中，每一卵窝内产卵10枚左右，共产卵数百枚，整个产卵过程可持续数日。

孵化

次年5月，蝉卵开始孵化。新生的若虫只有米粒般大，但身体已经能区分出头、胸、腹三部分，并长有与成虫类似的三对足。它们一孵出便爬向枝干边缘，然后坠落，钻入地下，开始了5年漫长的地下生命历程。

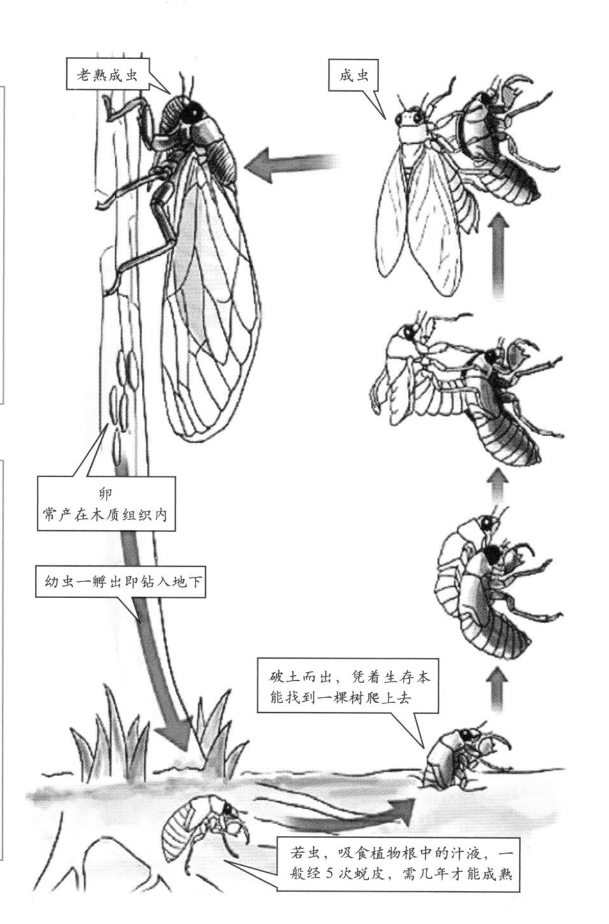

若虫

一旦钻入地下，若虫开凿隧道，找到树根，用口器刺入树根，吸食汁液。长时间的地下生活艰辛异常，危机四伏。它们也许会被其他动物吃掉，也许会被真菌感染。在漫长的穴居生活中，它要经过5次蜕皮，身体逐渐长大。

蜕变

5年后的6月末，发育成熟的若虫凭着本能打通隧道，钻出地面，寻找附近的树干或草枝，攀爬上去，抓牢，开始最后一次也是最关键的一次蜕壳，完成以后，若虫发育成成虫。

成虫

成年蝉生命极其短暂，通常不超过两个月。所以它一蜕变完就迫不及待地飞上树梢吸食树汁，雄蝉开始高声歌唱，呼唤雌蝉，完成交尾，然后产卵。

你听说过成语“金蝉脱壳”吗？你知道它描述的是一种什么生物现象吗？ 其实，金蝉指的就是某些蝉的最大龄若虫。蝉的一生要经历多次蜕皮，而前几次蜕皮都是躲在洞穴中偷偷完成的，只有最后一次蜕皮（即羽化）是在树上或草丛中进行的。我国常见的品种——黑蚱蝉，其足龄若虫会在夏至时分大量爬出地面完成最后的蜕皮，很容易被人们观测到。此时它体表呈金黄色，所以被称为金蝉。金蝉脱壳描述的就是它羽化的过程。

金蝉脱壳过程

羽化对蝉来说是一个敏感时期，若虫外骨骼的背部中央先出现一条裂缝，裂缝逐渐撑大，露出成虫的背部，成虫缓慢地从缝隙中将整个身体拱出，并调整角度以便充分展翅，整个过程需耗时一个小时甚至更久。刚蜕完皮的成虫还要等待一个多小时，直至全身变硬，才完成蜕变。各种外来的刺激都可能导致蜕皮失败，出现死蝉或畸形蝉。即使完成蜕皮，刚蜕变出来的成虫身体柔软，也不能鸣叫或飞行，世界对它来说一样危机重重。所以，金蝉一般选择在夜间爬出地面完成羽化，夜间气温凉爽，危险较少，也有更充足的时间让蝉的外骨骼和翅变硬。当黎明的曙光唤醒整个世界时，蝉通常已经完成了蜕变全过程，它强健有力的翅可以带它四处飞行，雄蝉腹部的发声器也已经完全硬化，能够振动空气发出刺耳的叫声，尽情享受最后一个夏天的狂欢。这时候我们在树干或草丛中会发现一个个金色的空壳，那就是蝉蜕皮后留下的外骨骼了，这也是一味中药——蝉蜕，有治疗麻疹和皮肤瘙痒的功效。

在我国某些地区有食用金蝉的习俗，人们在野外捡拾或人工养殖金蝉，把它做成美食。餐桌上的金蝉跟蚕蛹有些像，都富含多种蛋白质和微量元素，口感鲜美，不过它们一个是蝉的若虫，一个是蚕的蛹。仔细观察一下，你能说出它们有什么区别吗？

油炸金蝉

油炸蚕蛹

走进绣球花

绣球，俗称八仙花、紫阳花，虎耳草科绣球属植物。在夏至节气绽放，花球硕大喜人，色彩艳丽，花期较长，常作为园林观赏花木。常见的品种有无尽夏、爆米花、万华镜。

无尽夏

爆米花

万华镜

一个绣球花球由很多小花组成，小花分为两种类型：不育花和可育花。不育花较大，由色彩艳丽的“大花瓣”和中间的“小颗粒”组成。这些“大花瓣”并不是真正的花瓣，而是一种瓣化的萼片。真正的花瓣和花蕊包裹在瓣化萼片中央的“小颗粒”中，花瓣常紧闭不开放，雌雄蕊常退化不发育。可育花被包围在不育花中间，花朵较小，不易察觉。可育花的萼片呈绿色，花瓣小，位于花萼内侧，雌雄蕊发育正常，完成传粉后能发育形成果实。

绣球小花枝

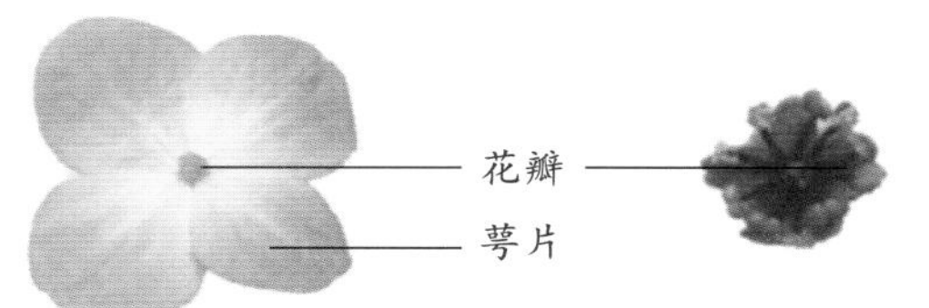

绣球不育花和可育花（正面）

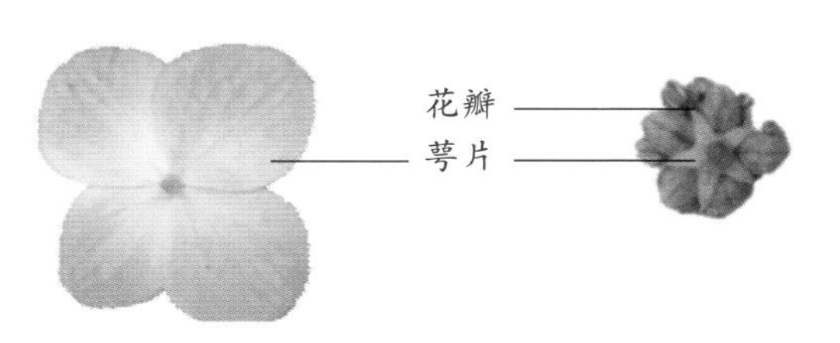

绣球不育花和可育花（背面）

绣球花品种繁多，有一个品种叫“无尽夏”，因整个夏季都能绽放美丽的花朵而得名。无尽夏比其他普通品种的花期平均长 10 ～ 12 周，花球大而美丽，随着开放时间不同，颜色还会产生变化，非常有趣。将它栽种在不同的土壤中，花也会呈现不同的颜色。这是因为绣球花中的一种花青素——“飞燕草色素”在不同的酸碱度下显色效果不同，所以，我们可以通过改变土壤的酸碱度来改变花的颜色。下面让我们一起动手让绣球花变色吧！

绣球花调色实验

目的要求

通过改变土壤的酸碱性，观察绣球花的颜色变化，了解绣球花变色的原因。

实验原理

绣球花的颜色由飞燕草色素控制，飞燕草色素在酸性条件下使绣球开蓝花，碱性条件下使绣球开红花。

材料用具

处于花蕾期或花蕾前期的无尽夏绣球盆栽三盆，绣球花专用调红剂一包（主要成分石灰粉，可将土壤调为碱性），调蓝剂一包（主要成分硫酸铝，可将土壤调为酸性），以及养护绣球所需的各种养料等，以上所有材料均可网购。

花蕾

方法步骤

1. 将三盆无尽夏分别编号为①，②，③。
2. 在花蕾期或花蕾前期，开始施撒调色剂，进行调色实验。

①不撒施调色剂　　②撒施调红剂　　③撒施调蓝剂

使用方法：直接将调色剂撒施在土壤表面或与土壤拌匀使用，避免将颗粒撒在叶上或茎上，撒施后立即浇水，浇水后一个月保持根部湿润。

使用剂量：一般每升土加 3 g 左右调色剂（具体用法用量以产品说明为准，初次使用时，请注意观察，以决定适合的用量）。

3. 相同适宜条件下培养 40 ~ 60 天，观察绣球颜色的变化，记录实验结果。

思考讨论

绣球花本身的颜色对本实验有无干扰？你认为挑选哪一种颜色进行实验比较好？

如果没有达到预期的实验结果，可能的原因是什么？

小暑

暖暖的风吹来了故乡的味道
是荷香，是稻香
是夏天的香气

小暑六月节

【唐】元稹

倏忽温风至，因循小暑来。

竹喧先觉雨，山暗已闻雷。

户牖深青霭，阶庭长绿苔。

鹰鹯新习学，蟋蟀莫相催。

节气概述

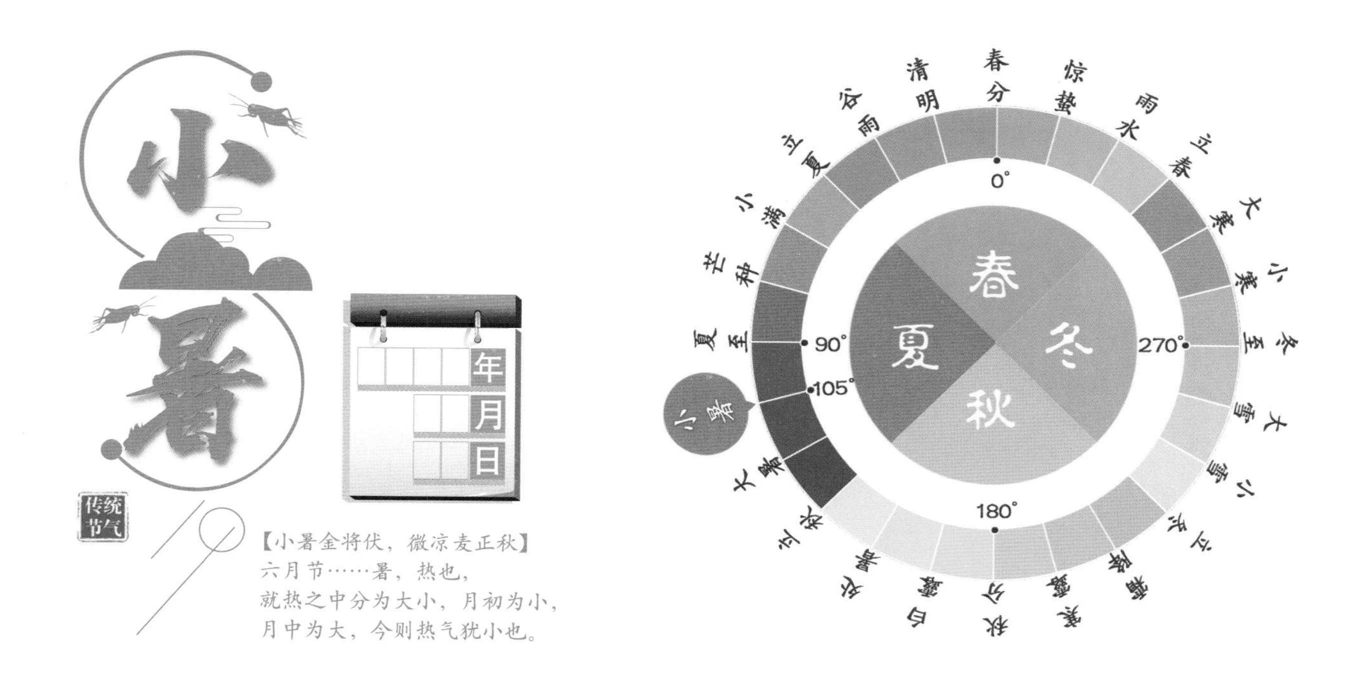

小暑，时间点在7月6—8日，这时太阳到达黄经105°。民间有“小暑大暑，上蒸下煮”的谚语，其中“暑”指炎热，“小”指热的程度，小暑的意思就是天气开始炎热，但还不到一年中最热的时候。重庆在这个时节最高气温会攀升至40 ℃左右。这个节气的另外一个显著特点是，雷雨天气开始增多，降雨量增大。从气候数据统计来看，这是二十四节气中降雨量最多的一个节气，此时长江、嘉陵江等河流的水位上涨，洪涝灾害时有发生。

小暑时节，山野田间各种植物枝繁叶茂，水稻扬花抽穗，重庆低山丘陵地区糯玉米、豇豆等开始大量成熟上市；蚂蚁忙着觅食，知了、蟋蟀交相齐鸣，有的幼蛙还拖着尾巴就已迫不及待地跳上荷叶，福寿螺在荷梗上产下了粉色的卵……孩子们或背上背篓，采集莲子瓜果；或赤脚追逐，流连山涧小溪；或顶荷急行，躲避忽至大雨……玩累了停下来小憩一会儿，吃口香甜的西瓜去去暑热，观赏一下池塘里碧绿连天的荷叶和点缀其中的荷花，这就是夏天的气息！

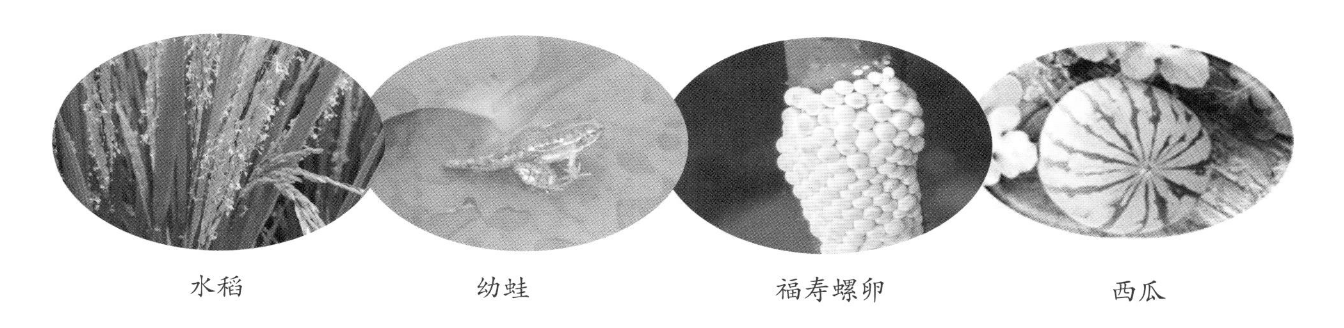

水稻　　幼蛙　　福寿螺卵　　西瓜

走近三候

一候　温风至

小暑日后，我国大多地区的日最高气温已达30 ℃以上，大地上不再有一丝凉风，迎面吹来的风里都裹着热浪，让人感觉置身于蒸笼之中。“温风”是古人以天气最热时的高温和小暑时的次高温相比较而产生的一种感觉，而从现代气候学的观点看，小暑中后期已经入伏，迎面刮来的风已是热风，可以说是“热风至”。

二候　蟋蟀居壁

蟋蟀又叫蛐蛐，是一种好斗的昆虫。“七月在野，八月在宇，九月在户，十月蟋蟀入我床下。”诗句中的“七月”为周历，对应公历6月，此时蟋蟀已出生所以只能待在田野土地小洞里“面壁思过”。八月（公历7月），正值小暑时节，由于地面温度升高，蟋蟀在地下觉得闷热，就会从土穴中出来，离开田野，爬到屋檐下或阴凉的墙壁上来乘凉。

三候　鹰始鸷（zhì）

“鸷”意指凶猛。小暑节气，天气开始变得炎热，天空中常会出现鹰借助上升的热气流盘旋于高空，勇猛地飞翔捕食的景象，称为“鹰始鸷”。这时不论是地面还是高空，鹰的食物都比平时多，于是我们就可以看到鹰如箭般捕捉猎物的场面。而且鹰等猛禽哺育出的幼鸟也开始飞出巢穴，练习捕食，搏击长空。

拓展视野

小暑观荷

盛开的荷花

“似火骄阳小暑至，映日荷花香满塘。”随着小暑节气的到来，气温逐渐上升，荷花也进入了盛放季节。重庆的华岩寺、铜梁的爱莲湿地公园、永川的十里荷香都是赏荷胜地。

荷，又称莲，多年生大型水生草本植物，是被子植物中起源最早的植物之一，距今已存在一亿三千五百多万年。其花被称为荷花，花色素雅、花香清爽，广受人们青睐，更因其“出淤泥而不染”的高洁品质备受文人墨客的赞扬。实际上，所谓不染淤泥不光指的荷花，亦指荷叶。为什么荷花、荷叶能够出淤泥而不染呢？其中蕴含着哪些科学道理？

走近荷塘，首先映入眼帘的是田田的荷叶，远远望去荷叶表面微微泛白，仿佛一个个银色的大圆盘。凑近了仔细端详，发现这些荷叶的表面覆盖着一层蜡质的粉末。这些蜡质粉末为荷叶阻挡了病菌和一部分灰尘。用手摸一摸荷叶的表面，会感到叶面有些粗糙，这些粗糙的表面也降低了灰尘等的附着。俯身顺着荷叶叶柄往下观察，藏在荷叶阴影里的，是星星点点的小荷叶和小花蕾。有的小荷叶已经完全展开，有的小荷叶还顶着透明的苞片，而正是这些透明的苞片在荷叶出泥前包裹着卷曲的荷叶，阻挡了淤泥的污染。而那些小花蕾，外面大都包着绿色的萼片，保护了花的内部结构。不管是荷叶还是荷花，依靠各自的结构，在出泥的过程中泥土都无法附着，向着阳光，一路生长。

蜡质粉末覆盖的荷叶

荷叶展开前的透明苞片

萼片层层包裹的荷花花蕾

通过宏观上的观察，我们了解了荷“出淤泥而不染”的宏观原因。在微观世界，科学家对此进行了深入的解读。

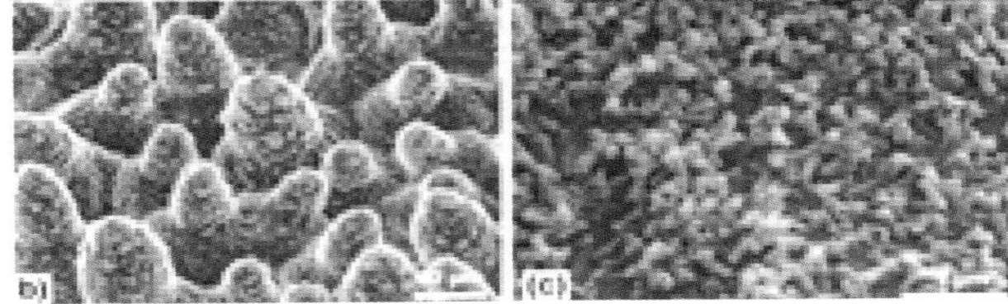

荷叶表面的大小突起

在科学研究中，实验用的植物大多需要清洗干净，而德国植物分类学家威廉·巴特洛特和他的同事在实验时却意外发现，那些表面粗糙的叶子，总是很干净，无须清洗。尤其是荷叶，它的表面不仅不染灰尘，更具有防水功能。随后，许多科学家便对荷叶的这种特性进行了深入研究。

科学家通过电子显微镜观察发现，荷叶粗糙的表面，实则由许多大小不一的微小突起构成。其中，大的突起平均大小约为 10 μm，而小的只有 200 nm 左右。这些精细的微米加纳米的双重结构，仿佛是在“微米”尺度的小山上又叠加了许多“纳米”小山。这样，荷叶的表面，就布满了“山头”。而“山”与“山”之间的空隙非常窄，再小的水滴也只能在“山头”滚动，而滚动的水滴正好带走叶片上的尘土和细菌。这种现象被称为“荷叶效应”，这也是荷不粘淤泥的微观原因。

在“荷叶效应”的启发下人们发明了新技术，生产出表面完全防水并且具备自洁功能的新型材料。这些新型材料广泛用于高大建筑物和大型交通运输工具的表面涂层，使其能防水自洁。这不仅节省了人力、物力，还减少了有毒清洁剂的使用，减少了环境污染。

具有荷叶效应的外墙涂料

中国新型涂料——荷叶漆

荷不仅具有观赏价值，也具有食用价值。你知道莲蓬是荷花的哪部分发育而来的吗？我们食用的莲子又是荷的什么器官呢？下面，就请动动手一起探秘莲蓬和莲子的结构吧。

观察和解剖莲蓬

目的要求

1. 观察莲蓬结构并与荷花结构进行比较，了解莲蓬的发育。
2. 观察并解剖新鲜莲子，并与莲米进行比较，认识其结构。

材料用具

刀片，新鲜莲蓬，市售莲米。

方法步骤

1. 取新鲜莲蓬，并取出其中的莲子。
2. 用刀片纵向剖开新鲜莲子和市售莲米，识别结构，并比较二者的差别。

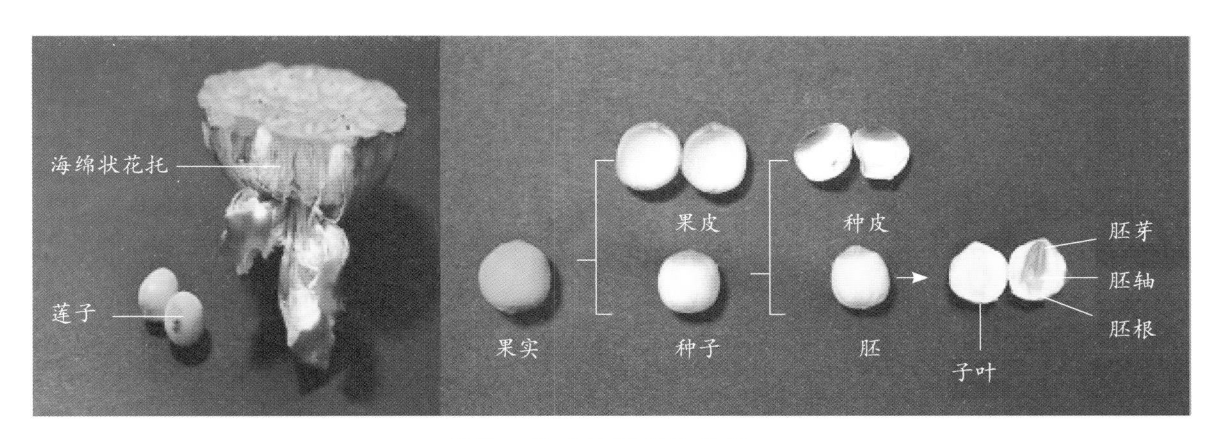

莲蓬、莲子的解剖结构图

问题思考

1. 莲蓬的海绵状结构是由荷花的哪一结构发育而来？
2. 新鲜莲子和市售莲米有什么区别？新鲜莲子应该是荷的什么器官？

市售莲米

通过观察，我们可以发现，莲蓬的海绵状结构是由荷花的肉质花托膨大形成，而莲蓬中的莲子则是荷的果实，由革质的果皮和近似球形的种子构成，其种子由海绵质种皮、胚芽、胚轴、胚根和两片子叶组成。莲子未成熟时为绿色，在成熟的过程中会渐渐转变为褐色，种子中的胚也在成熟过程中因荷叶碱等物质的积累而变得越来越苦。所以，为了不影响口感，市场上售卖的“干莲子”，通常会去掉莲子的果皮、胚和种皮，剩下两片子叶。

荷的全身皆是宝，不同的器官有不同的功效，有清热、润肺、散瘀消肿、止血止泻、健脾益胃等功效。从美观、食用、药用等角度来看，荷都可谓是炎炎夏日的最佳伴侣。

夏日祛暑甜品——烧仙草

小暑，气温高、湿气重，宜食用清凉素淡的菜品和消暑小吃。近年来一种名为“烧仙草”的祛暑甜品颇受人们欢迎，一碗冰冰凉凉的烧仙草，能将五脏六腑的闷热血气清除得一干二净，有助于人们熬暑度夏。烧仙草是闽南和台湾地区的传统特色小吃，其主要成分仙草冻是仙草熬煮得到的，那什么是仙草呢？

仙草学名凉粉草（*Mesona chinensis Benth.*），是一种类似薄荷的草本植物，它的茎呈四棱状，其上部直立，下部伏地；叶相对而生，呈卵圆形；夏末开花，花小呈白色或淡红色，为两性花。仙草主要种植于我国的福建、广东、台湾等沿海地区，每年9—10月收割，晒干后销往全国。仙草是食药两用的食材，有清热解毒、消渴利水的功效。炎炎夏日，自己在家熬制烧仙草，让我们感受口感浓滑、味醇入心的清凉与美好吧！

仙草的花和叶

制作烧仙草

材料用具

晒干的仙草，食用碱，蕉芋粉，过滤网（纱布），糖，煮熟的莲子、红豆、芋圆等。

方法步骤

1. 将干仙草漂洗，加水熬煮，添加少量食用碱，煮至汁液呈棕黑色。

加碱熬煮

过滤

加蕉芋粉液

冷却切块

2. 用滤网（纱布）过滤，留下滤液，加糖。
3. 将3～5匙蕉芋粉加入凉开水中，混匀后倒入仙草滤液。
4. 混合液冷却后成为黑色的仙草冻，将其切块，浸泡备用。
5. 根据喜好，将仙草冻与红豆、莲子、芋圆等混合，就制成了美味的烧仙草。

烧仙草

大暑

大暑，夏天的最后一个节气。

你看到草丛中飞舞的萤火虫了吗？

你感受到这个季节特有的暴雨与烈日了吗？

大暑

【宋】曾几

赤日几时过，清风无处寻。
经书聊枕籍，瓜李漫浮沉。
兰若静复静，茅茨深又深。
炎蒸乃如许，那更惜分阴。

节气概述

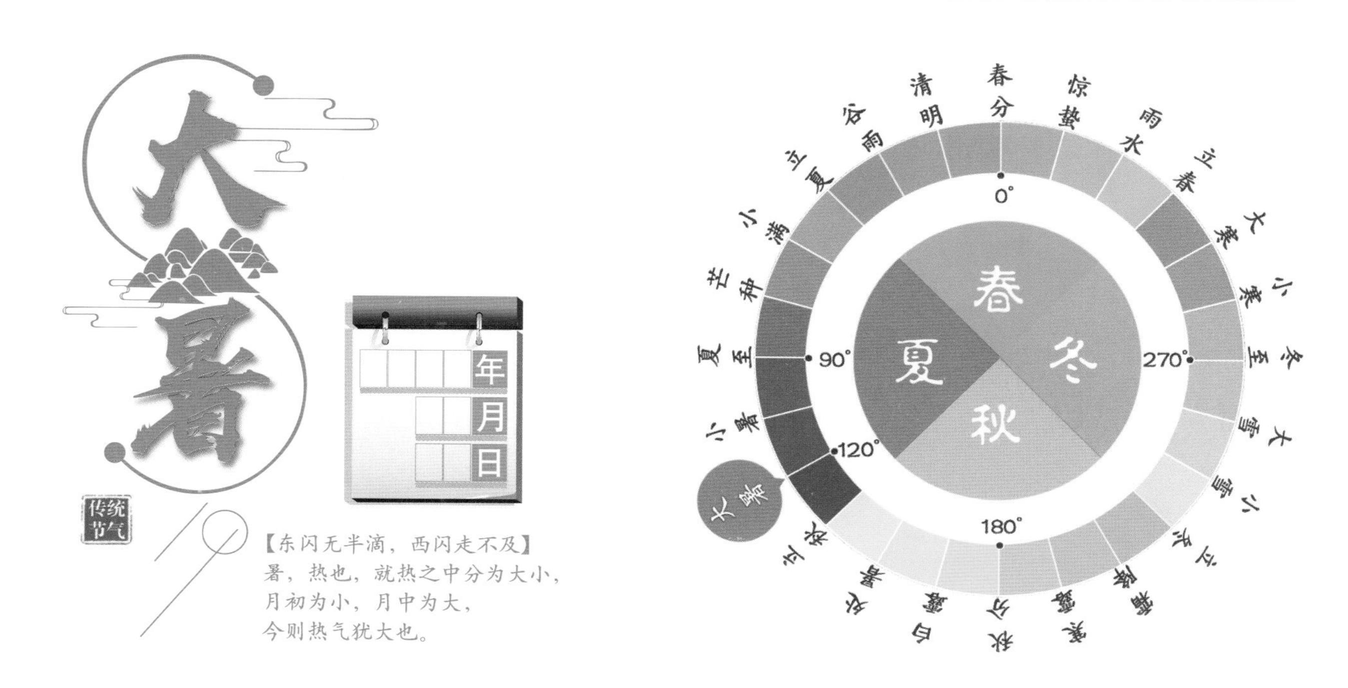

大暑，是夏季的最后一个节气，时间点在 7 月 22—24 日，这时太阳到达黄经 120°。“大暑”者，乃炎热之极也！

大暑正处于 7、8 月相交之时，是名副其实的一年中最热的时期。南京、武汉、重庆等城市，在此时节前后“炉火”最旺。以重庆为例，大暑期间的 15 天气温为一年之最，根据常年（1981—2010 年）的气候数据，大暑时节日照时数超过 100 小时，高温日数达 14.6 天，可以说整个节气都笼罩在高温之中。而降雨量相对小暑却减少了三成，这也是自立春以后，雨量首次出现减幅，平均降雨日数仅有 5.8 天，在二十四节气中，也算是较为稀少的。晴热少雨的天气，很容易出现伏旱。如 2018 年大暑期间，重庆大部分区（县）就遭遇了轻、中度伏旱：植物缺水枯蔫，道路两旁常见到干枯的草本植物，连洋槐之类的木本植物都出现枯黄的叶片。大暑温度高、空气湿度大，人们熬苦夏，植物则乐夏。紫薇、茉莉、醉蝶花等喜热植物在这个时节开花；构树枝头挂着鲜艳的红果，丝瓜、黄瓜、茄子、苦瓜、玉米等蔬果都已经成熟，正所谓“大暑至，万物荣华！”

大暑烈日　　醉蝶花开　　构树红果　　茄子成熟

走近三候

一候　腐草为萤

萤指的是萤火虫。古人观察到每逢夏夜，腐草间就会出现萤火虫熠熠发光，他们便误以为草木腐败后就化为萤火虫，谓之“腐草为萤”。大暑时节正值萤火虫交配繁殖，它们将卵产在潮湿多水、杂草丛生的地方，成虫也喜欢在草木繁茂处生活，夜晚时萤火虫在草丛中闪耀点点荧光，故出现“腐草为萤”的现象。

二候　土润溽（rù）暑

大暑时节，我国受副热带高压暖湿气流影响，空气潮湿闷热，土壤中的水分不易蒸发而湿润，是谓“土润溽暑”。因为湿热，人们戏称大暑是上蒸下煮之时。大暑光照充足、空气潮湿，很适宜水稻、铜钱草、绿萝等喜水植物的生长。

三候　大雨时行

“行，降也。”在雨热同季的大暑，天空中随时都会形成雨滴落下，甚至不等人们拿出雨伞，大雨便已倾盆而至，还时常伴随着电闪雷鸣，少顷便又雨过天晴。大暑末期，降雨时常出现，是谓“大雨时行”。大雨使暑湿减弱，天气开始向立秋过渡。对于我国这个古代的农业大国，适宜的大雨是上天的恩泽，是丰收的保障！

拓展视野

探秘夏夜精灵——萤火虫

大暑的傍晚，茉莉散发着幽香，蟋蟀在欢快地鸣叫，夜空中的点点流萤与星光媲美。你留意过夏夜飞舞的萤火虫吗？ 你知道萤火虫为什么能发光，它发光的生物学意义是什么呢？

萤火虫因其尾部能发出荧光而得名，喜欢生活在生态环境良好、植物茂盛、靠近水源的地方，我国大约有 100 多种，分成陆栖和水栖两大类，其中以陆栖萤火虫更为常见。

萤火虫背面

萤火虫外形结构

常见的萤火虫身体扁平，分成头、胸、腹三个部分，具有典型的昆虫结构特征。它的一生会经历卵、幼虫、蛹、成虫四个时期，属于完全变态发育的昆虫。多数萤火虫生命周期只有一年，且大部分时间都处在幼虫期，成虫期只有 20 天左右。

大暑时，我们看到萤火虫漫天飞舞，那是它们的成虫通过特定的闪光信号在寻找配偶。交配后，萤火虫便产卵、死亡，新的生命轮回又开始了。

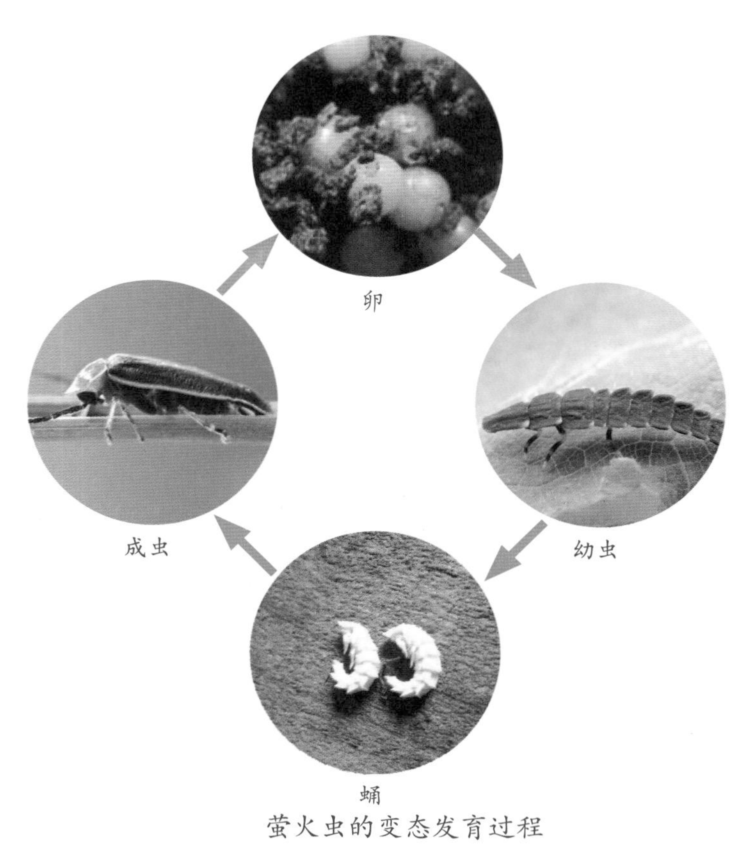

萤火虫的变态发育过程

刚刚孵出来的萤火虫幼虫虽然个头小，却是残忍的猎手。它们喜欢捕食蜗牛、蛞蝓等软体动物。捕食时，萤火虫幼虫会先将猎物麻醉，然后将自身产生的消化液注入猎物体内，将猎物消化成流质，再用柔软的管状口器将其吸食。幼虫长成为成虫后，食性却发生了改变。它们或以花粉、花蜜为食，或以同类为食，甚至不进食。

萤火虫捕食蜗牛

萤火虫的幼虫和成虫虽然食性不同，但它们大多数都能发光。其发光的秘密在于其尾部 1 ～ 2 个体节内有许多发光细胞，这些细胞含有荧光素和荧光素酶，这两种物质共同参与化学反应才能产生光，而未破壳的萤火虫幼虫会使整颗卵都发出荧光。

卵

幼虫

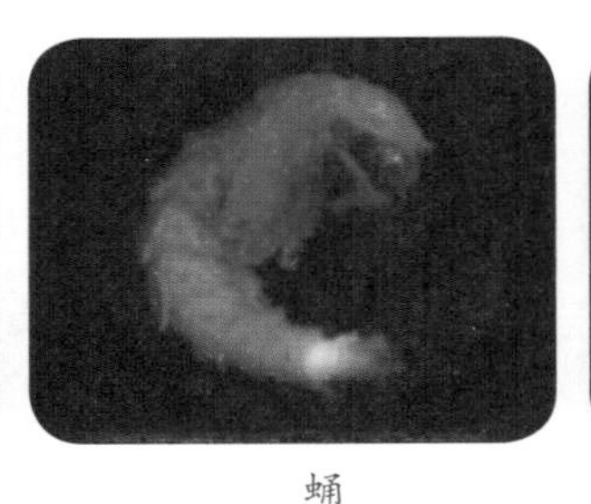
蛹

成虫

发光的萤火虫

发光对萤火虫而言意义非凡：一方面，萤火虫成虫可以利用特定的闪光信号定位并吸引异性，完成求偶交配等繁殖行为；另一方面，发光也可以作为警戒信号。萤火虫发光也为人类的科技创新提供了灵感。萤火虫发光部位的外骨骼角质层，结构特殊，能够促使体内产生的光最大限度地释放出来，科学家根据这个特征，研制出了仿生有机发光二极管（OLED）。

萤火虫对栖息地环境的要求极高，它们的数量能反映当地生态环境的状况。在栖息地被破坏、光污染、水污染等日益严重的城市，已很少能见到萤火虫出没，“轻罗小扇扑流萤”的梦幻场景和都市不见流萤的残酷现实，让许多城市人对萤火虫心生向往。近年来兴起的商业放飞萤火虫，网上大批量售卖，让萤火虫的困境日益加重。让我们一起拒绝野生萤火虫贸易，共同守护好绿水青山，科学有效地对萤火虫资源进行保护和开发，实现人和自然的和谐发展，让萤火虫点亮美丽的世界。

夏夜飞舞的萤火虫

悄悄地，凉风送走酷暑，
悄悄地，稻谷变得饱满，
悄悄地，秋蝉开始鸣叫，
因为秋姑娘，她来了。

和王卿立秋即事（节选）

【唐】司空曙

秋宜何处看，试问白云官。
暗入蝉鸣树，微侵蝶绕兰。
向风凉稍动，近日暑犹残。
九陌浮埃减，千峰爽气攒。

节气概述

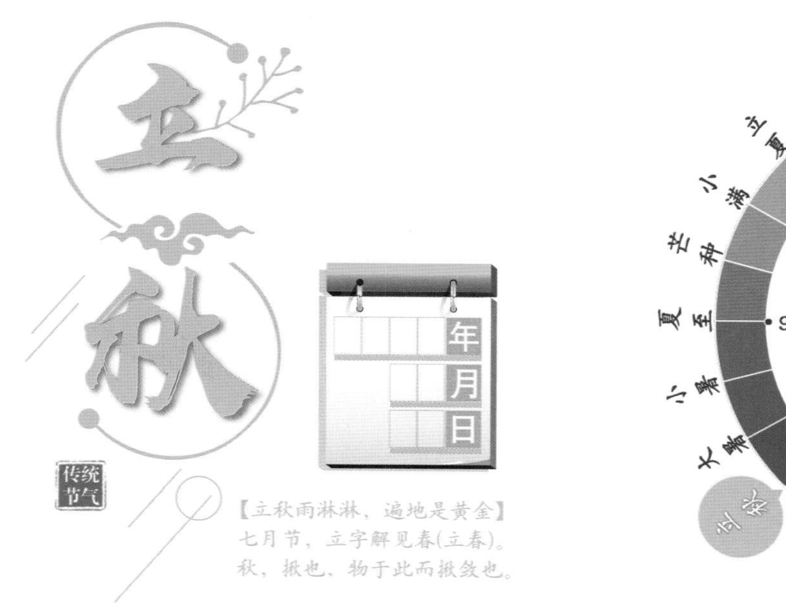

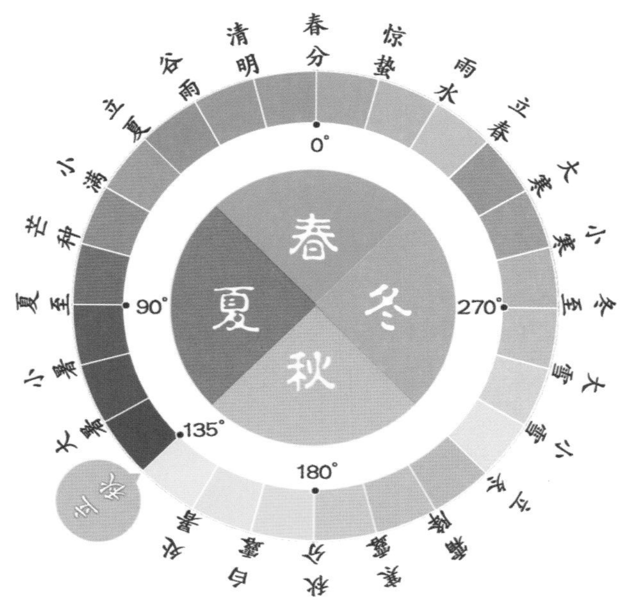

立秋，秋季的第一个节气，时间点在 8 月 7—9 日，这时太阳到达黄经 135°。“立”即从这一天开始，暑去秋来，气温逐渐降低。“秋”由禾和火字组成，即禾谷成熟，迎来了收获的季节。

在气象学上，入秋的标准是日平均气温或 5 天滑动平均气温小于 22 ℃且大于或等于 10℃。立秋时节，高温仍然常见，我国真正进入气象学意义上秋季的地方并不多，除了常年皆冬和春秋相连的无夏区外，就只有北方的一些地区顺利进入秋季。全国大范围立秋的时间常常是在 9 月以后，重庆平均入秋时间是 9 月 28 日。此时重庆的平均气温仍在 27.4 ℃，15 天中平均高温日数达 6.5 天，仅次于大暑，是全年第二热的节气。但即使高温肆虐，我们仍然能感受到天气在慢慢发生变化，暑热势力渐微。对于辛勤耕耘的农民来说，在立秋时节让金灿灿的稻谷颗粒归仓，才是他们追求幸福生活的心愿和希望。此时成熟的红心猕猴桃挂满枝头，芝麻、花生的采收也在热火朝天地进行，无一不预示着丰收的景象。

稻穗

红心猕猴桃

芝麻

花生

走近三候

一候　凉风至

凉风至，即立秋后吹起凉爽的偏北风。受季风气候的影响，立秋后冷空气活动频繁，清爽的北风给人们带来丝丝凉意，天气慢慢发生变化。此时的重庆，白天依旧被暑热笼罩，只有早晚才能感受到凉意的到来。

二候　白露生

立秋后由于白天日照仍很强烈，夜晚凉风习习，形成一定的昼夜温差，空气中的水蒸气便在室外植物上凝结成了一颗颗晶莹的露珠。

三候　寒蝉鸣

“秋风发微凉，寒蝉鸣我侧。”寒蝉，指昆虫纲蝉科寒蝉属的一类动物，体型较小，叫声低微，有黄绿斑点，翅膀透明。雄性寒蝉在立秋节气开始鸣叫求偶，召唤雌性寒蝉完成交配，称“寒蝉鸣”。

拓展视野

立秋识葵花

古诗《黄葵花》写道:“天然嫩相烁秋明，淡染鹅裳结束轻。醉蕊强传金盏侧，赤心长向火轮倾。”自古以来，向日葵花就是文人墨客吟诵的对象，立秋时节正是其怒放之时。此时，重庆涪陵大木花谷、南川花芊谷、合川白鹤湖等向日葵基地中，数百万株向日葵花相继盛放，沐浴在阳光下。你看，那些嫩黄色的花瓣牵着手围成一圈，像是在保护着里面密密麻麻的“小格子”。浪漫金秋，让我们去认识如此特别的向日葵吧!

向日葵是菊科向日葵属的一年生草本植物，花长在茎的顶端，为头状花序，俗称花盘。向日葵头状花序上有两种花，即舌状花和管状花。舌状花着生在花序边缘 1 ～ 3 层，它的花瓣大且颜色鲜艳，呈黄色或橙黄色，使花序变得格外醒目，具有吸引昆虫传粉的作用，但因花中无雌蕊和雄蕊，故为无性花。花序中央分布着约 1000 ～ 1500 朵管状花，其花冠连合成管状，颜色有黄色、褐色或暗紫色等，多为两性花。在管状花的花托中有蜜腺分布，昆虫穿梭于花中采蜜，帮助管状花完成异花授粉。

向日葵的头状花序

向日葵的管状花由外向内渐次开放，且每朵管状花的雄蕊先成熟，此时雄蕊花药管顶端聚集的黄色花粉清晰可见，次日雌蕊才会伸长花柱凸出花药管、伸出裂开的柱头，而此时雄蕊的花粉早已飞散或失去萌发能力。向日葵管状花的这种渐次开放及雌雄蕊在不同时间成熟的特点，避免了自花传粉而带来的自交衰退的现象。

A. 含苞时期 B. 雄蕊时期 C. 雌蕊时期 D. 授粉后期

管状花的开花特点

管状花的解剖结构

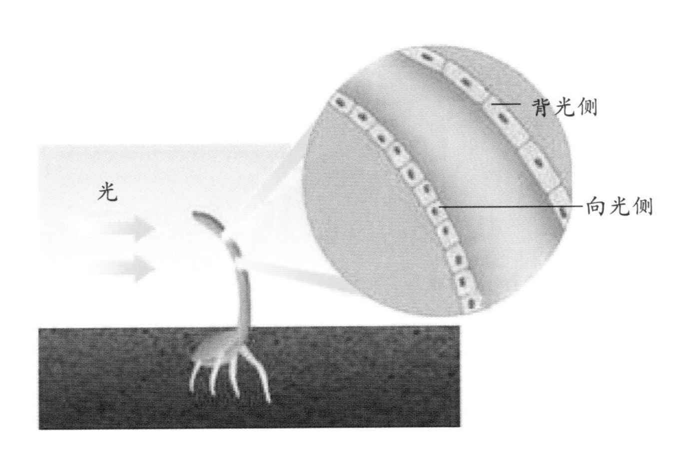

向日葵，又叫朝阳花，因花盘总是朝向太阳而得名。向日葵花盘为什么会随着太阳转动？这与花盘下方茎内的生长素分布不均匀有关。生长素的作用是促进植物生长，尤其能刺激细胞的纵向伸长。但生长素畏光，清晨旭日东升，茎内的生长素一遇光线照射，它就会较多地转移到背光一侧，刺激细胞纵向生长，导致背光一侧生长较快，向光一侧生长较慢，使得花盘朝向太阳。从清晨到黄昏，生长素在茎内会不断地向背光侧移动、积累，这样就有了“葵花朵朵向太阳”的现象。在单侧光的照射下，植物朝向光源方向生长的现象，叫作植物的向光性。植物向光生长，有利于获得更多、更大面积的光照，促进光合作用，维持植物更好地生长。

观察植物的向光性

目的要求

观察并了解植物的向光性。

材料用具

两盆长势相同的植物幼苗（高度约 3 cm），两个不透光的纸盒，火柴，剪刀，台灯，直尺，量角器。

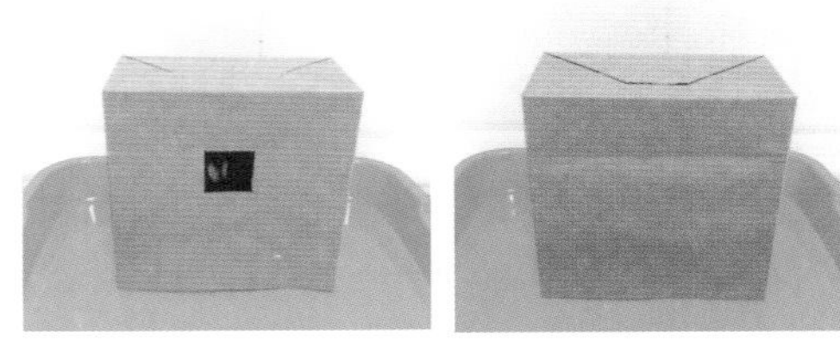

甲、乙盒示例

方法步骤

1. 给两个纸盒分别标记为甲和乙，甲盒的一侧开孔（大小约 3 cm × 3 cm），模拟单侧光照射环境；乙盒不处理，模拟黑暗环境。
2. 在两盆幼苗旁分别插 1 根直立的火柴，并分别放入甲、乙纸盒中。
3. 以台灯代替光源单侧照射纸盒，并使光源能从孔中进入甲纸盒。
4. 观察并记录。

		幼苗生长状态	
		高度	倾斜度
第　天 （　年　月　日）	甲		
	乙		
第　天 （　年　月　日）	甲		
	乙		
第　天 （　年　月　日）	甲		
	乙		

观察植物的向光性

分析实验现象并得出结论：________________________

处暑

玉米、水稻、高粱……一茬接着一茬，

葡萄、秋梨、龙眼……一串连着一串，

时至处暑，山城渐迎秋意，一片禾的黄澄，一片果的活脱。

长江二首（其一）

【宋】苏泂

处暑无三日，新凉直万金。
白头更世事，青草印禅心。
放鹤婆娑舞，听蛩断续吟。
极知仁者寿，未必海之深。

节气概述

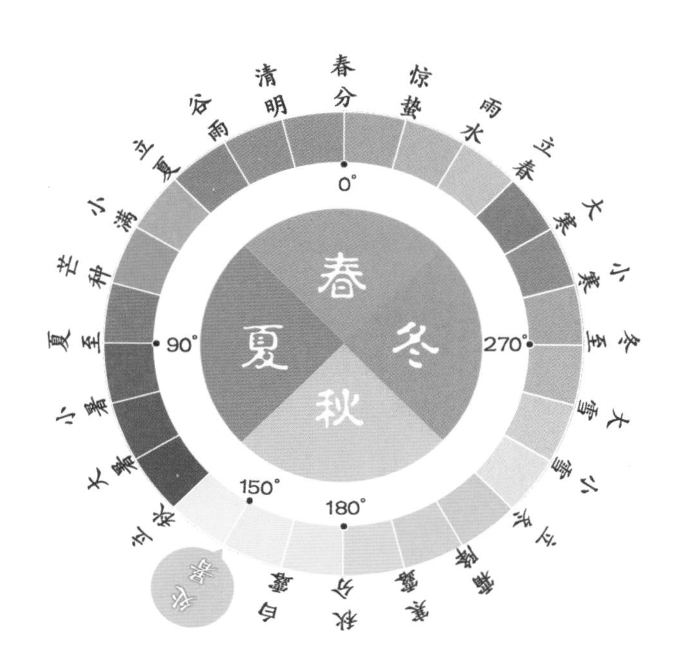

处暑，时间点在 8 月 22—24 日，这时太阳到达黄经 150°。“处”有终止之意，“处暑”意味着炎热暑气的结束，即将进入气象学意义上的秋天。处暑以后太阳高度继续降低，所带来的热力也随之减弱，因此，处暑是反映天气由炎热向寒冷过渡的节气。

谚语有言：“处暑天不暑，炎热在中午。”我国长江以北地区，虽然午时的酷热依然不亚于暑夏之季，但早晚凉意已爬上胳膊，昼夜温差愈发明显，不时有秋雨降临，率先进入到一年中最舒爽的时期。而此时我国长江以南的地区，刚刚感到一丝秋凉的人们，再次饱尝炎热难耐的高温，正所谓“处暑天还暑，好似秋老虎”，秋老虎下山，上蒸下煮的功力不可小觑。处暑时节，重庆大部分地区的最高气温仍在 30 ℃以上，但与“立秋”相比，最高气温降幅已经超过了 2 ℃，降水也由增转减，雨量比立秋时节减少了 6% 左右，意味着闷热潮湿的夏季渐远，秋意愈发浓厚。此时玉兰果隐藏在绿叶下，江津早熟龙眼压满枝头，红灿灿的二荆条辣椒娇艳欲滴，酉阳禾田间的稻穗泛黄染金压得稻谷直不起腰。

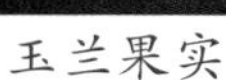
玉兰果实

江津早熟龙眼

二荆条辣椒

酉阳禾田

走近三候

一候　鹰乃祭鸟

鹰是大名鼎鼎的千里眼，其视觉发达，即使在千米以上的高空翱翔，也能发现地面上的猎物。秋天，田野上活跃的老鼠、兔子以及天上的飞鸟，都会成为鹰的捕食对象。由于食物丰富，鹰会大量捕捉并把猎物摆在地面，如同陈列祭祀一样，故曰“鹰乃祭鸟”。

二候　天地始肃

受到气温降低的影响，树叶开始凋零，盛夏的昆虫逐渐走向生命的末端，天地间的万物开始沉寂，充满了肃杀之气。一场秋雨一场寒，行走在公园里，道路上散落的水杉枯枝、树底下偶现的蝉的尸体、角落里枯黄的狗尾巴草……无一不在诉说着秋的萧瑟。古人为了迎合自然规律，顺应天地的肃杀之气，会将判处死刑的犯人在这一时节问斩，这就是著名的“秋后问斩”。

三候　禾乃登

“禾”指的是黍、稷、稻等谷类植物的统称，“登”是成熟的意思，意味着各类谷物开始成熟收割了。水稻是南方人的主食，重庆各地于处暑前后收割其黄澄澄的果实，晾晒加工之后即为大米。

拓展视野

处暑馈赠——南川方竹笋

处暑时节，重庆南川金佛山的方竹笋逐渐迎来采摘期。美味营养的方竹笋是重庆五大地理性标志产品之一，全世界仅产于重庆南川金佛山自然保护区、贵州桐梓、福建建瓯等地，而金佛山拥有世界自然方竹笋分布最广、最集中的方竹林。

南川金佛山方竹（*Chimonobambusa quadrangularis*（Fenzi）Makino）主要生长在海拔 1400 ~ 2000 m 的金佛山景区。处暑时的金佛山峰岭雄奇、秋意盎然，更有山中精灵——方竹笋迎接四方友客。南川方竹笋形呈四方，有棱有角；不发于春而茂于秋；萌发有序，自山顶而下。这些特点被称作“方竹笋三奇”。

一奇：形呈四方

世人皆知竹子是圆的，但是金佛山方竹却呈方形，因为它的茎有四个椭圆形棱角，用手轻轻握住，有明显“方”的感觉。

二奇：多发于秋

古曰“雨后春笋”，竹笋大都春天萌发，但方竹笋却反其道而行之，偏在秋天发芽生长。

三奇：先发于顶

植物生长的规律是海拔低、气温高的地方先抽芽，而方竹却是山顶的竹笋先冒尖。笋农采笋时最先从山顶开始采。

方竹和多数竹子相同，一般不通过种子繁殖后代，因为开花结果会消耗大量养分，导致竹林成片枯死，它们主要通过地下茎（竹鞭）进行无性繁殖延续种族。方竹的地下茎根须弥漫，横向生长，节间萌发新芽，发育成笋，钻出地面，逐渐长成高大的竹杆（地上茎），最后形成成片的竹林。如果人们无节制大量采摘竹笋，或大肆损坏竹根，都会极大地影响竹林发育。所以，竹笋虽美味，采摘需有度，南川方竹物种珍稀、数量有限，更不可肆意砍伐。

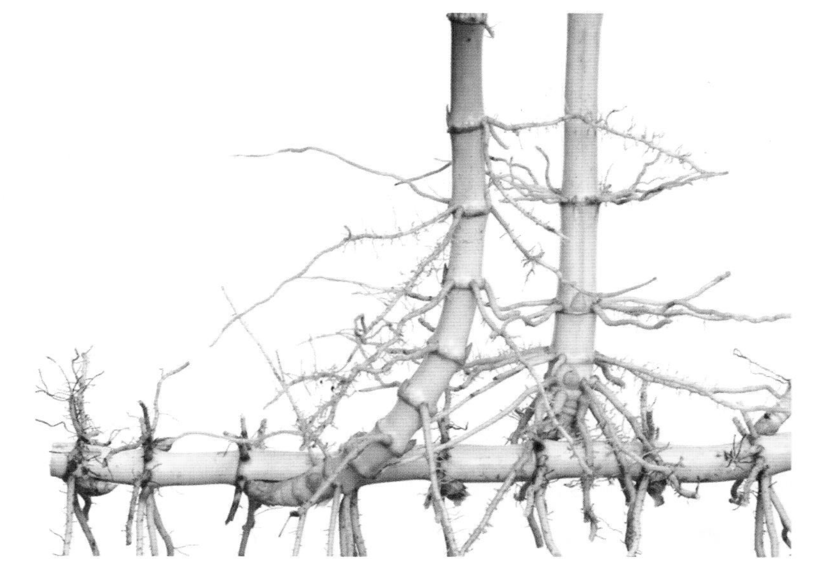

处暑晒秋

寒来暑往，秋收冬藏。在秋收和冬藏之间，还要经历一个阶段，那就是“晒秋”。晒秋是一种典型的农俗现象。秋高气和，村民们在房前屋后、窗台屋顶和簸箕竹匾里，晾晒着鲜红的辣椒、橙黄的玉米、金色的稻谷，构成一幅五彩斑斓、热力四射的丰收图画。每年 8 月，重庆梁平县会举行晒秋节系列活动，旨在通过晒丰收、晒秋色、晒民俗，讴歌五谷丰登、国泰民安，展示梁平乡村振兴的成果。

晒秋，晒出了丰收和喜悦，重要的是将粮食晒干，更有利于长期的储藏。你知道这是为什么吗？刚收获的粮食虽然已与母体植株脱离，但生命活动并未停止，此时细胞中含水量较高，呼吸作用旺盛，呼吸作用产生的水分和释放的热量，使得粮堆中湿度增加、温度升高，这种环境容易造成种子发芽，同时也非常适合微生物的生存和繁殖，引起粮食发霉和变质。旺盛的呼吸作用还会消耗大量的有机物，使得粮食的营养价值、经济价值大大降低。因此，粮食作物收获后的第一要务就是及时晾晒，设法减少粮食含水量，降低其呼吸作用强度，保证粮食的营养品质。

此外，人们还会经常对粮堆进行倒堆降温、摊薄晾晒等，如遇持续降雨天气，还在仓房的底部垫上干沙土或草木灰，以便防潮。随着生产力的发展和科技进步，粮食干燥机已大量投入农业生产，避免了天气等因素对粮食质量的影响和经济损失。

倒堆降温

摊薄晾晒

粮食干燥机

粮食的含水量是影响其呼吸作用强度的重要因素。不同含水量的粮食，其呼吸作用的强度不同。让我们一起通过实验来验证吧！

比较不同含水量种子的呼吸强度

目的要求

了解种子的含水量对呼吸强度的影响。

实验原理

1. 呼吸强度可以用单位时间内释放二氧化碳的量来表示，呼吸作用越强，产生的二氧化碳量越多。

2. 二氧化碳气体能使澄清石灰水变浑浊。

材料用具

干绿豆，广口瓶，橡皮塞，连通器，三角瓶，漏斗，棉花，天平，澄清石灰水，清水。

方法步骤

1. 将干绿豆种子分成A、B、C三组，每组100 g。

2. A组种子不做任何处理装入广口瓶中；B、C组种子分别用清水浸泡1小时、3小时，沥干水分后装入对应的广口瓶中。

3. 如图1所示组装实验装置。注意漏斗口用棉花塞紧，关闭连通器的通气阀门。

4. 等待2小时后，打开阀门，取出漏斗中的棉花，迅速注入清水，使瓶中的气体进入澄清石灰水中（如图2）。

5. 观察和比较A、B、C三组石灰水的浑浊程度。

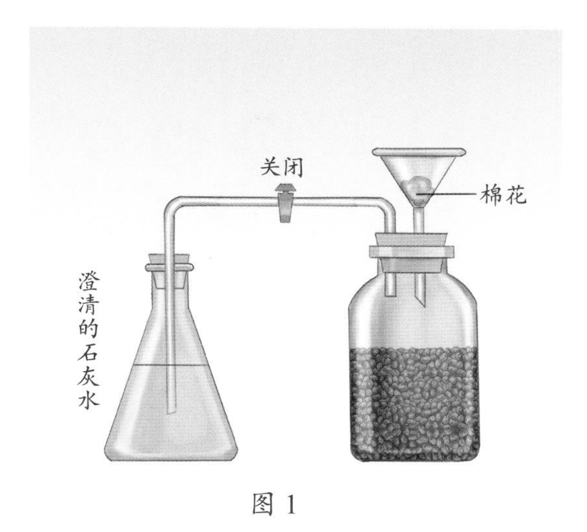

图1

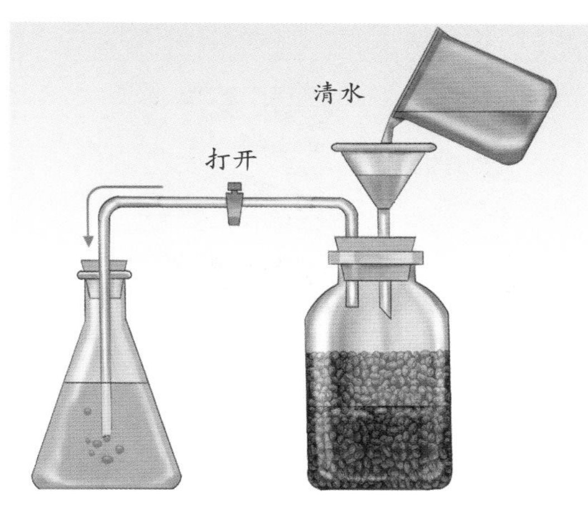

图2

结果分析

1. 比较A、B、C组石灰水的浑浊程度：________>________>________。

2. 在一定范围内，水分减少，种子的呼吸作用会________（减弱/增强）。

实验结果表明，种子的含水量越低，呼吸强度越弱。此外，温度、氧气和二氧化碳的浓度也是影响粮食呼吸强度的重要因素。所以，粮食储藏的常用方法还有低温密闭、压盖低氧等。

秋收的种子除了可供保存食用外，用心创作也能成为精美的工艺品——种子贴画。让我们一起用种子定格最美瞬间，创作独一无二的美图。

种子贴画

材料工具

种子（绿豆、红豆、黑豆、黄豆、芝麻等），卡纸，铅笔，各种彩色笔，镊子，乳白胶。

方法步骤

1. 在卡纸上绘制需要创作的线稿。

2. 线稿里涂抹乳白胶，用手或镊子 填放种子。

3. 整理修饰画稿。

4. 用自己喜欢的方式装裱保存作品。

交流分享

为什么种子贴画放久了会有小虫飞出？你有更好的方法保存种子贴画吗？

种子贴画作品欣赏

白露

清晨的露珠润湿了裤脚，
成群的鸟儿飞过了天际，
它们捎来早秋的讯息，
白露来了。

凉夜有怀（其二）

【唐】白居易

清风吹枕席，白露湿衣裳。
好是相亲夜，漏迟天气凉。

节气概述

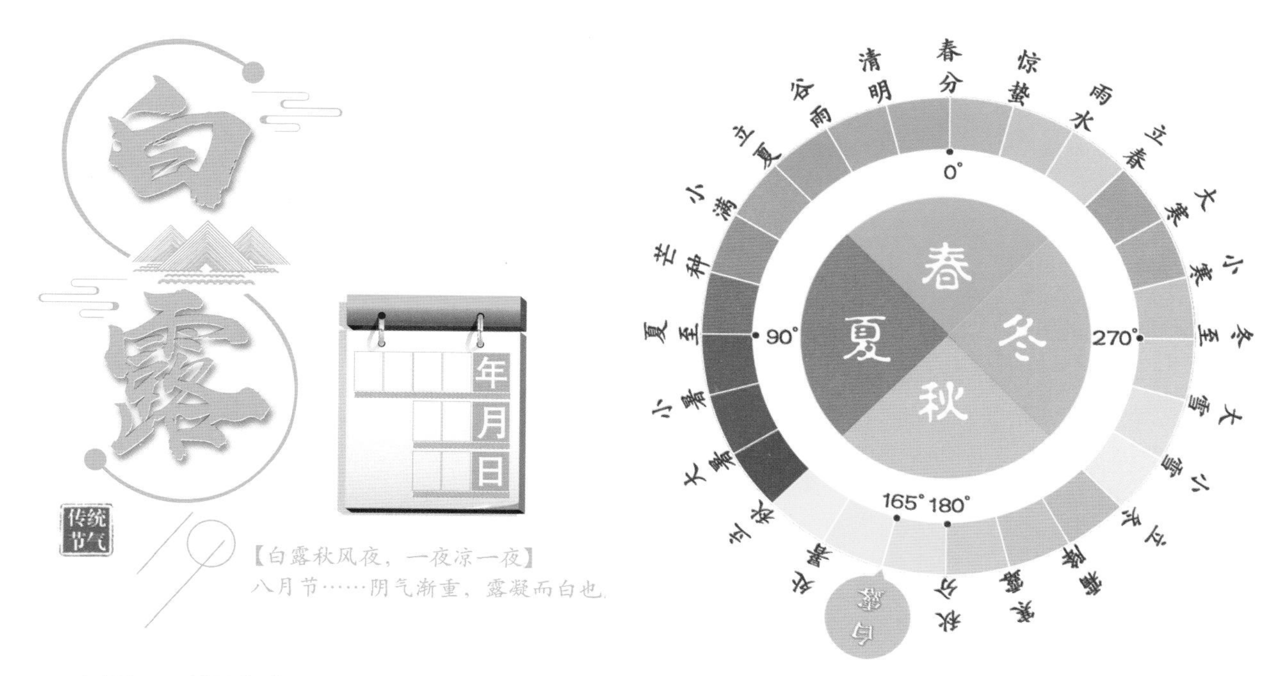

白露，时间点在 9 月 7—9 日，这时太阳到达黄经 165°。“露”是白露节气常常会出现的自然现象。此时天气转凉，气温降低，在清晨或夜晚近地面空气中的水汽遇冷，会在花草或石头等物体上凝结成细小的露珠，这些露珠晶莹剔透，太阳光照在上面发出洁白的光芒，所以人们把这个节气称为“白露”。

白露节气，全国日平均气温降至 20 ℃以下，日最低气温降至 15 ℃左右。北方地区多秋高气爽的天气，在南方虽然仍有 35 ～ 37 ℃的高温出现，但高温日数较立秋、处暑节气明显减少，平均气温持续降低。古语说“白露节气勿露身”，就是提醒人们此时要注意及时添衣，早晚不要着凉。送走了高温酷暑，迎来了气候宜人的收获季节。所谓“白露满地红黄白，棉花地里人如海”，白露过后，大江南北的棉花正在吐絮，在棉花地里常常看到农民采摘棉花的忙碌身影，满眼尽是丰收的景象。重庆黔江区阿蓬江镇的村民们正忙着收割、脱粒、晾晒红高粱，酉阳县万亩的贡稻即将进入收割期，梯田披上了金黄色，美不胜收。白露过后动物们也感知了气温的变化，谚语有“喝了白露水，蚊子闭了嘴”，此时温度较低，蚊子难以繁殖，所以数量会明显减少，这时还常见候鸟南飞、百鸟贮食，这都是动物准备越冬、适应环境的行为表现。

棉花吐絮

高粱丰收

金黄梯田

候鸟南飞

走近三候

一候　鸿雁来

“八月初一雁门开，鸿雁南飞带霜来。”诗句中“八月初一”为农历八月，恰逢白露时节。此时，鸿雁会排成行从北方迁飞到温暖的南方来越冬。

二候　玄鸟归

玄鸟即燕子。白露过后，燕子感知了气温渐冷的变化，开始了大规模地越冬迁徙，从我国北方迁飞到中南半岛、印尼一带越冬。所以古人用“玄鸟归”描述燕子飞离我国的场景。

三候　群鸟养羞

“群鸟”形容较多的鸟类，“羞”为粮食，“养羞”即贮存粮食。白露过后，天气变冷，很多鸟类开始贮存大量粮食以备过冬。但重庆地处南方，而且并不是所有鸟类都会有贮食行为，因此，难以观察到该物候现象。

拓展视野

群鸟养羞——鸟类的贮食行为

贮食行为是指动物将食物贮藏起来，在食物匮乏时期又重新取食的行为。贮食行为是一种特殊的觅食策略，在鸟类中普遍存在。鸟类的贮食行为主要发生在秋季，它们依赖贮藏的食物过冬。

自然界中有贮食行为的鸟类主要集中于鹰科、草鸮科、隼科、啄木鸟科、鸦科、山雀科、伯劳科等，多是猛禽和杂食性鸟类。其贮食方式主要有两种：集中贮食和分散贮食。集中贮食，即在巢穴或某些洞道等隐蔽处集中贮藏大量食物；分散贮食则是在较大范围内形成许多小的贮藏点。大型猛禽类因有较强的保护食物的能力，一般选择集中贮食，而体型较小的杂食性鸟类，保护贮藏食物的能力弱，所以采用分散贮食的方式，避免盗食现象的出现。两种贮食方式具有各自的优势，采用不同的贮食方式，是鸟类在长期的自然竞争中不断进化的结果，也是鸟类适应生存环境的体现。

楔尾鹰在巢穴内贮食

橡树啄木鸟在树洞中贮食

沼泽山雀在苔藓下贮食

鸟类的贮食行为包括两个过程：贮藏和重取。贮藏一般包括 4 个过程：准备、搬运、放置、隐盖。重取包括重新发现和取食 2 个过程。不是每种鸟的贮食行为都完全包括以上 6 个过程，一般认为搬运过程是贮食行为中最显著和最重要的部分。

例如，松鸦在找到橡树果实后，会将多枚果实暂存在嗉囊中，然后飞往贮藏地，再将橡果从嗉囊中吐出来，用喙将果实埋在土里或落叶下，还会用落叶或石子遮盖，避免被其他动物盗食。在食物缺乏的冬季，松鸦会飞回贮藏地，挖出橡果取食充饥。可见，贮食行为是鸟类度过食物匮乏时期的重要生存策略。

准备

搬运

放置

隐盖

松鸦贮藏橡果

白露时令水果——龙眼

白露时节虽气候凉爽，但是秋燥伤人，这时可以吃一些滋补的食品来预防由于气候变化而引起的身体不适。在我国南方地区有“白露必吃龙眼”的说法，意思是说在白露这一天吃龙眼可以大补，这是因为龙眼果实营养丰富，具有养血安神、润肤美容、益气补脾、抗衰老、防癌等功效，且白露时节的龙眼肉厚核小、口感香甜，是很好的应季养生水果。

重庆丰都具有适宜龙眼种植的气候、土壤、水利灌溉条件，已经有上千年的龙眼种植历史。丰都县兴义镇是龙眼的盛产地，部分优质龙眼还被出口国外，因此，丰都兴义镇于 2006 年被重庆市命名为“龙眼之乡”。

丰都龙眼在温暖多雨、阳光充足的 5 月份会陆续开花。龙眼的花序是大型穗状花序，常见的花型是雄花和雌花。在同一花序中，雄花的数量比雌花的数量多，雌雄花的开放是交替进行的，一般是雄花先开再开雌花，雄花在开放后 1 ～ 3 天便会凋谢，而雌花的花期则更短，一般只有 1 天，两种花的总花期约 20 ～ 40 天。龙眼交替开花的规律和虫媒花的特点有利于龙眼花的传粉和受精，形成更多的果实。

龙眼大型穗状花序

龙眼花在 6 月初会全部凋谢，雌花下部的子房逐渐膨大形成果实，果实慢慢长大，在白露时节就会成熟上市。你知道吗，我们吃的龙眼“果肉”其实是龙眼的假种皮。什么是假种皮？它是由龙眼花的哪部分结构发育而来的？龙眼还有哪些奥秘？等待同学们一起去探索和发现！

观察解剖龙眼花和果实

目的要求

1. 对龙眼花进行观察和解剖，认识龙眼花的结构，学会区别龙眼雌花和雄花。

2. 解剖龙眼果实，认识龙眼果实的各个结构，了解果实中假种皮的发育特点和作用。

3. 观察龙眼幼苗和萌发的龙眼种子，归纳总结龙眼属于双子叶植物的结构特点。

材料用具

龙眼穗状花序（含雌花和雄花），龙眼果实，萌发的龙眼种子，龙眼幼苗，解剖盘，镊子，刀片。

方法步骤

1. 在龙眼的穗状花序上找到雌花和雄花，先整体观察其形态特点，再按从外到内的顺序，用镊子依次取下雌花和雄花的花萼、花瓣、雄蕊、雌蕊，对比区别雌花和雄花的各部分结构。

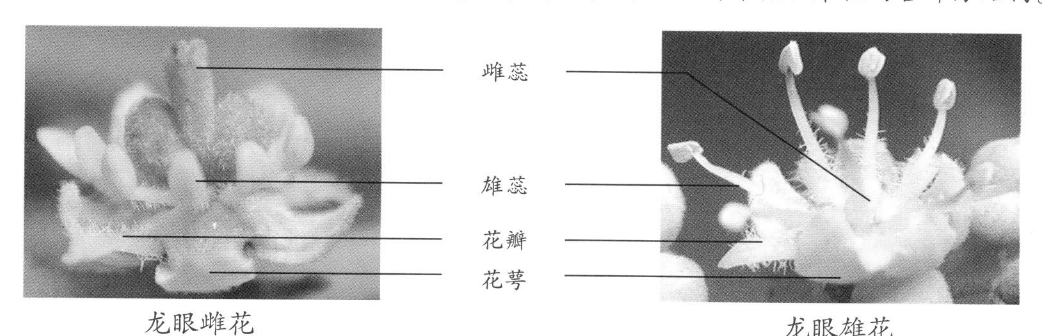

注：雄花中的雌蕊退化变短；雌花中的雄蕊退化且无花粉。

2. (1) 将一颗龙眼果实直立放置于解剖盘中，用刀片对其进行纵剖，对照下图观察其结构。

(2) 观察萌发的龙眼种子和龙眼幼苗的特点。

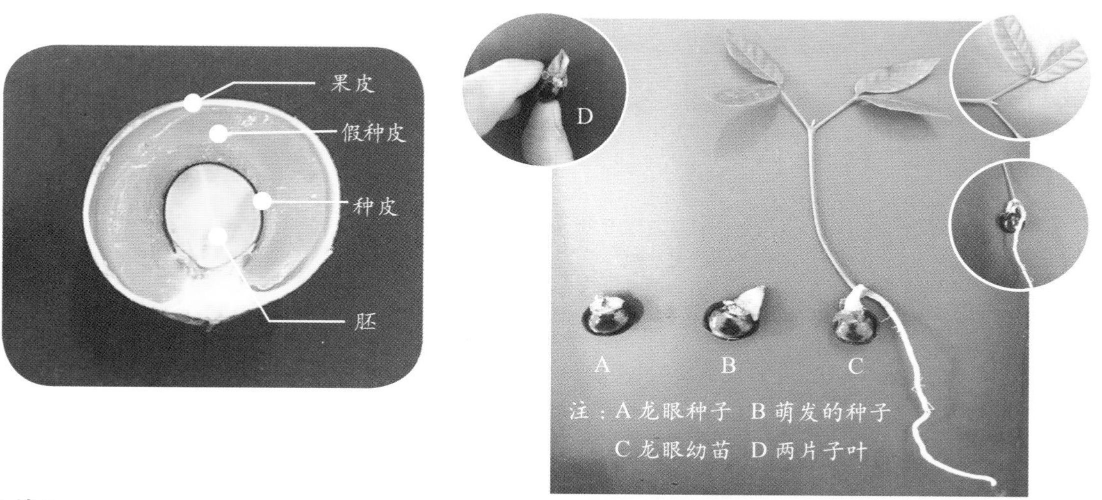

思考讨论

1. 龙眼的雄花和雌花有哪些结构的区别？

2. 查找资料，解释什么是假种皮？龙眼的假种皮是由花的哪个部分发育而来的？对植物有什么作用？除了龙眼还有哪些常见水果的食用部分是假种皮？

3. 龙眼属于双子叶植物的结构特点有哪些？

我和龙眼“小森林”一起成长

白露时节吃龙眼，吃剩的龙眼种子千万不要扔掉，我们可以把它们播种，静待植株长大，你就可以得到一盆茂盛的龙眼“小森林”了。快来动手试试吧！

1. 龙眼种子泡水前需把果肉和白色的软组织剔除干净，否则容易招虫。

2. 每天换水，大约需要泡一周的时间，会发现种皮裂开。

3. 芽点朝上，均匀地种进花盆中。

4. 每天向种子喷水，不要浇灌。

5. 种子大约一周发芽，半个月的时间，小幼苗就会出破土而出了。

6. 一个月后，你就会拥有一盆美丽的龙眼“小森林”了。

你的龙眼“小森林”是不是正在尽情地彰显生命的活力？你是否耐心养护并乐享其中？你观察到在不同的生长时期龙眼叶片颜色的变化了吗？在下面不同大小的叶片上涂上相应的颜色吧！

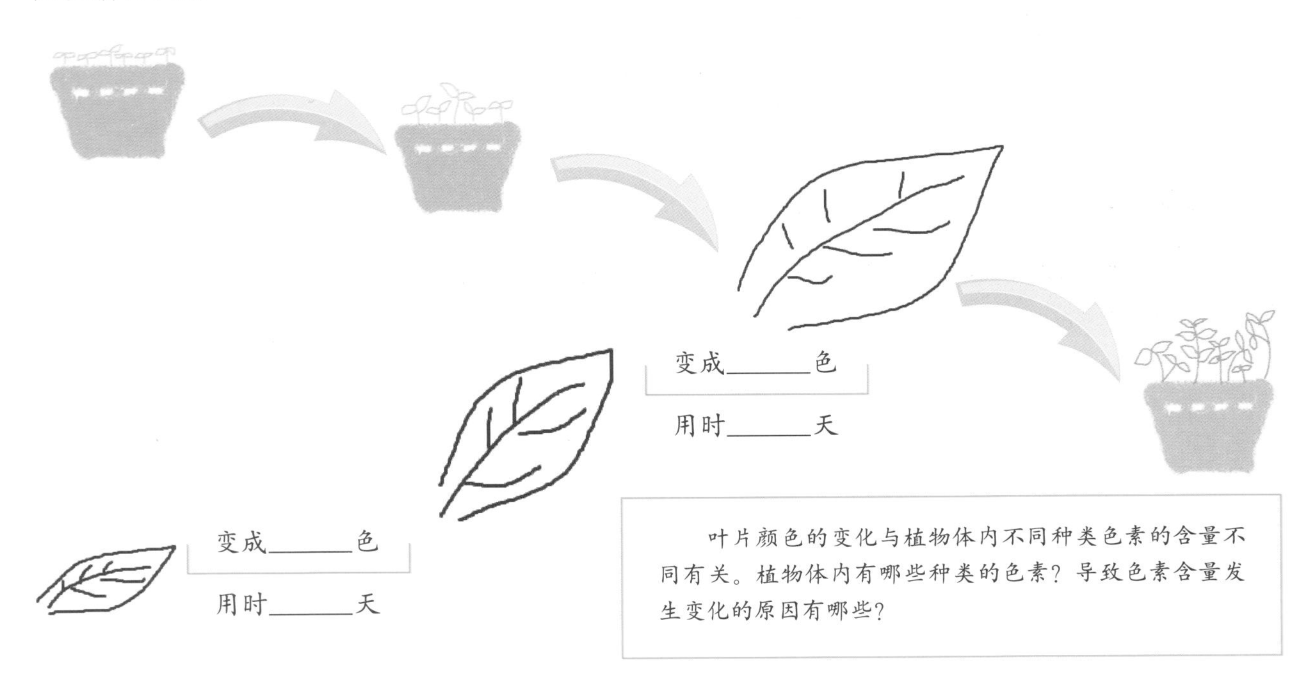

叶片颜色的变化与植物体内不同种类色素的含量不同有关。植物体内有哪些种类的色素？导致色素含量发生变化的原因有哪些？

秋分

你嗅到空气中桂花的清香了吗？
你听到夜里窸窸窣窣的虫鸣了吗？
你品尝了甜美的月饼了吗？
秋分来了。

点绛唇（节选）

【宋】谢逸

金气秋分，风清露冷秋期半。

凉蟾光满。桂子飘香远。

节气概述

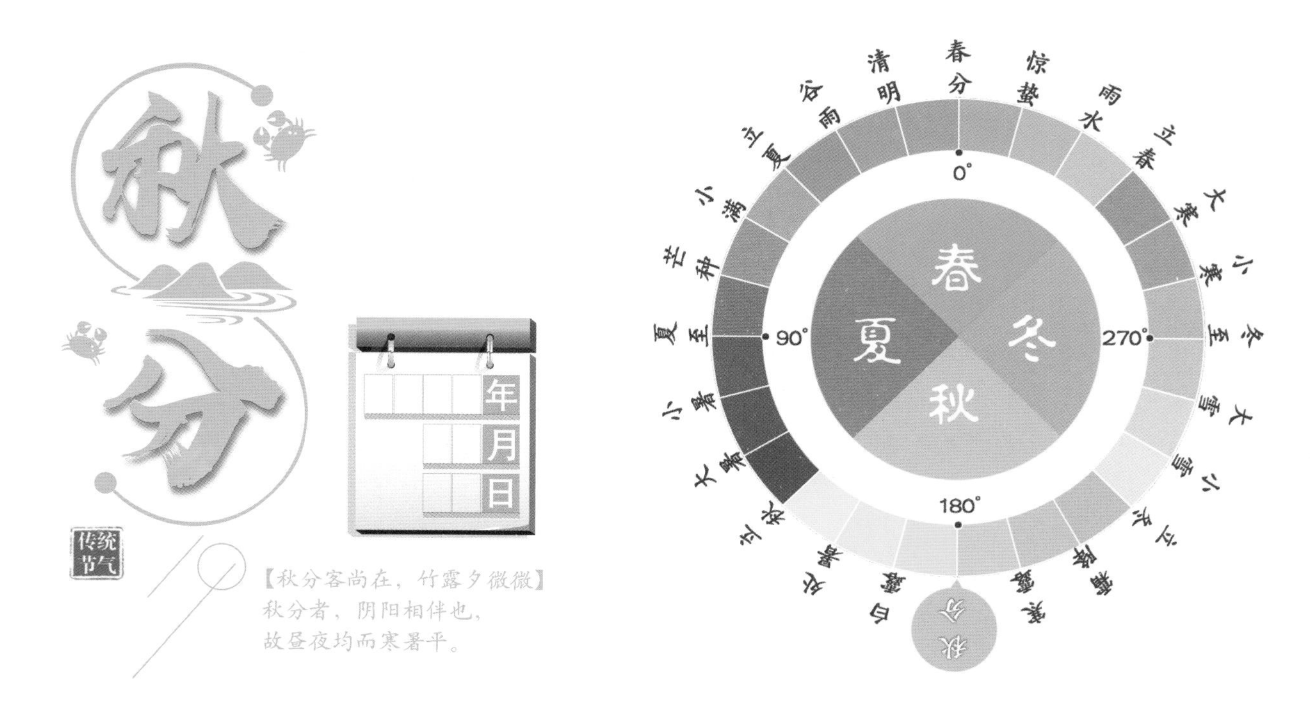

秋分，时间点在 9 月 22—24 日，这时太阳到达黄经 180°，全球各地昼夜平分。秋分以后，北半球开始昼短夜长。

此时，江南地区东部仍处于夏季，青藏高原北部及东北偏北地区已经进入冬季，而包括重庆在内的其他地区则进入了秋季。秋分后的重庆，雨量总体减少但雨日增多，“一场秋雨一场凉”，平均气温较白露节气下降 2.9 ℃，降温幅度仅次于小雪。秋分节气，桂花、红花石蒜（彼岸花）等时令花卉相继盛开，大闸蟹也出现在千家万户的餐桌上。大量农作物和瓜果成熟，丰收的喜悦充满了神州大地。人们以各种形式庆祝丰收，重庆垫江等地有吃糯米糍粑的习俗，因为 8 月底刚收获了糯米，经过晾晒和加工，刚好在秋分时节享用这一时令美食。从 2018 年起，我国正式将秋分这一天定为“中国农民丰收节”，以此寄托人们对乡土的情感，分享丰收的喜悦。

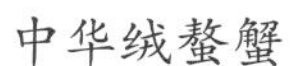
中华绒螯蟹

金桂

石榴

糍粑

走近三候

一候　雷始收声

秋分时节，随着太阳辐射的减少，空气强对流活动减弱，雷电发生频次也在减少。借助现代雷电观测设备，人们对于雷电观测的精准度进一步增强。观测表明重庆9月的雷电次数较8月减少7成多，10月到次年2月为少雷期。雷声减少不但暗示着暑气的终结，也在提醒秋寒的开始。

二候　蛰虫坯户

“蛰”是指藏匿起来，不活动也不进食；“坯”是指细土。由于天气变冷，一些昆虫和其他动物开始在土壤中修建自己的巢穴，并用细土将洞口封住，以防寒气侵入。这是古人在秋分时节观察到的昆虫等动物为越冬做准备的一种现象。

三候　水始涸

秋分时节降雨量开始减少，由于天气干燥，水汽蒸发快，所以湖泊与河流中的水量变少，一些沼泽及水洼变得干涸。但此时重庆、四川、贵州、云南东部等地多会受到华西秋雨影响，缠绵细雨会持续到11月左右。唐代诗人李商隐的诗句“巴山夜雨涨秋池”正是描写这一天气现象。

拓展视野

昆虫越冬的方式

昆虫是一种变温动物，它们的体温和活动状态会随外界的气温变化而变化。在气温较高、食物充足的季节，它们会抓紧时间生长发育和繁衍后代；而当气温较低时，它们则难以维持旺盛的生命活动。所以每当秋分时节，随着气温的降低，昆虫就开始为越冬做准备了。“蛰虫坯户”就是古人观察到的昆虫越冬的一种方式。而现代研究发现，昆虫越冬的方式不仅只有“穴居”一种，而是八仙过海，各显神通。下面我们就来认识一下昆虫多样的越冬方式。

某些昆虫以成虫形态越冬，如瓢虫、蚊、蝇、蜂、蚂蚁和独角仙等。这类昆虫通常依靠降低自身的新陈代谢，减少生命活动来度过寒冬。它们有的躲起来冬眠，有的则挤在一起保持体温，等到次年春天再活跃起来，繁衍后代。这种状态可能最接近于古人所说的“蛰虫坯户”了。如果想在冬季维持旺盛的生命活动，那就需要寻找一个温暖的过冬地，如金脉黑斑蝶，平常生活在加拿大，天冷了就一路南飞到墨西哥去过冬，等到天气转暖再飞回加拿大。它们的迁徙路程长达几千英里，在南飞途中不繁殖，而在北回途中却要繁殖 4 ～ 5 代。在南来北往的越冬过程中，金脉黑斑蝶就完成了繁衍更替、种族延续。

独角仙隐匿于枯枝败叶之下越冬

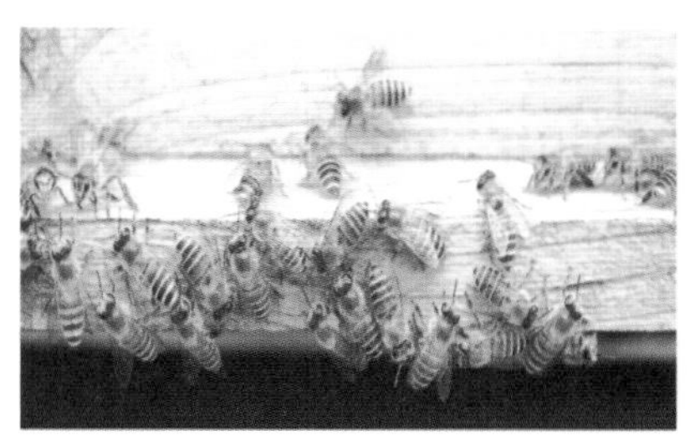
蜜蜂聚在巢穴里集体越冬

金脉黑斑蝶在长途迁徙中越冬

不过在自然界，更多的昆虫不以成虫形态越冬，它们以卵、幼虫或蛹的形式度过严寒。 常见的以卵越冬的昆虫有蝗虫、蝈蝈、蚜虫等；以幼虫越冬的有金龟子（幼虫名蛴螬）、玉米螟、蓑蛾等；以蛹越冬的有多种蝶和蛾类，如人工饲养的柞蚕。因此，这些昆虫的成虫就必须在严冬到来之前完成交配和繁殖，为下一代的越冬做好准备。

以卵越冬，如蝗虫

以幼虫越冬，如金龟子

以蛹越冬，如柞蚕

认识常见鸣虫

重庆地区，秋分时节气温尚高，很多昆虫经过整个夏季的发育，已经蜕变为成虫，进入交配季节。那么交配期的昆虫如何找到彼此呢？办法有很多，比如释放信息素（蛾），利用光亮（萤火虫），或者鸣叫等。鸣叫是很多雄性昆虫吸引雌虫前来交配的方式，因此，此时在野外常能听见此起彼伏的虫鸣。我国古代有“以虫鸣秋”之说，日本古代也以秋夜听虫鸣为雅事，说明古人很早就发现了昆虫的这一活动规律。仔细听一听，你都能听到哪些昆虫的鸣叫？你知道它们是靠什么结构发声的吗？下面我们就来认识几种重庆地区常见的鸣叫昆虫。

蟋蟀

雄性的一侧前翅长着锉刀状的翅膜——弦器。另一侧前翅长着较硬翅膜——弹器。两者相互摩擦即可发声。相传古时妇女听此鸣叫便知冬日将至，所以加紧织布以制冬衣，所以蟋蟀又名“促织”。蟋蟀一般独居，碰面就会咬斗，所以也被饲养用以斗蛐蛐，某些地区有秋分斗蛐蛐的习俗。

蝗虫

俗称蚂蚱，靠后腿摩擦翅膀发出“刷刷刷”的声音。当多只雄性蝗虫同时吸引异性时，会交替鸣叫，清晰可分。这可能具有隔离雄性的作用，也可减少交尾时相互干扰。交替鸣叫还有助于方便雌虫更准确判断雄虫的位置。

天牛

雄性天牛靠胸部摩擦来发声吓退敌人或吸引异性。天牛的前胸腹板向后延伸成一突起，恰好插入中胸腹板的凹陷内。两者摩擦，如同用湿手指摩擦玻璃一样，发出“嘎吱嘎吱”的声响。

蝈蝈

蝈蝈是除了蟋蟀以外，较常见的鸣叫昆虫。它个子较大，外形和蝗虫相像，草绿色，触角细长。雄虫靠前翅互相摩擦，发出“括括”声，因其叫声洪亮，北京等地区也有人将其作为宠物饲养。

蝼蛄

又名蝼蛄、拉拉蛄、地拉姑、土狗儿，喜穴居，啃食植物根茎为食，在我国各地均有分布。雄性蝼蛄也以鸣叫吸引雌性，且常常躲在地下的巢穴中，摩擦前翅发出大声的“嚓嚓嚓”声，声音类似蝉鸣。

秋分野外寻虫活动

活动目的

尝试寻找上文中提到的各种常见鸣叫昆虫，通过听、寻、挖、看等方式，进行观察和记录。

准备工作

捕虫网（可用细尼龙网或纱布、铁丝和木棍自制），

自制昆虫瓶（将洗净的饮料瓶扎出细小的通气孔即可），

放大镜，小铲子，笔记本，笔以及手机等拍照器材。

活动过程

1. 制定安全可行的活动路线。

2. 按路线寻找、观察并记录沿途所见的鸣虫。（可将遇到的鸣虫装入昆虫瓶，观察其发声器官。同一种昆虫，有的可以鸣叫，有的则不能，这是为什么？仔细观察它们之间有什么区别？）

3. 观察土壤，寻找直径 1 cm 以下的小洞口，尝试用小铲子挖开洞口，看看是否有昆虫？（挖掘时需有老师或家长陪同）

4. 走完活动路线后，统计所观察到的昆虫名称、发现地点、数量及鸣叫声，填入表格。并用手机逐一拍摄各种昆虫，做好图像记录。

观察记录表

时间：　　　　地点：　　　　天气：　　　　记录人：

昆虫名称	发现地点	数量	鸣叫声（拟声词）

5. 活动完成后，请将昆虫放归原生活环境中。

6. （选做）将某些越冬昆虫带回家，用玻璃缸和沙土等为它建造越冬巢穴，观察和记录它的生活。

温馨提示

在开始野外观察前，建议大家先学习了解一些本地常见昆虫，如阅读《中国昆虫生态大图鉴》或《常见昆虫野外识别手册》等书籍，或者登陆昆虫图鉴网（http://www.kctjw.com/）等专业网站，这样可以指导帮助你的野外观察，事半功倍。

秋分乐事

赏美景：

彼岸花

佛教文化中有一种被赋予神秘色彩的花——“彼岸花”，别名“曼珠沙华”，是梵语“摩诃曼珠沙华”的音译。此花被描述为唯一生长在黄泉之地的花，在重庆的丰都“鬼城”就栽种有大量的彼岸花，每年秋分时节，红色的花海无边无际，吸引了大量游客。其实彼岸花的学名是“红花石蒜”，是百合目石蒜科植物，原产我国和日本。石蒜科的植物通常有先开花后长叶的特点。红花石蒜在 9 月开花，开花时只见花茎和花朵，一片叶子也没有，待花谢后才长叶，叶可从秋季一直保持常绿到次年春天。它艳丽奇特的花朵模样和“花不见叶，叶不见花”的特色，极具观赏价值，也给它蒙上了一层神秘的面纱。

品美食：

大闸蟹，学名中华绒螯蟹，为我国常见淡水蟹种和传统的经济蟹类，在《红楼梦》里就有众人吃蟹赏菊庆中秋的描写。秋分时节，大闸蟹大量上市，此时螃蟹的口感最佳，尤其是饱满的蟹黄、蟹膏格外诱人。那么你知道蟹黄蟹膏到底是什么吗？事实上，蟹黄是雌蟹的肝胰腺和卵巢，呈橘黄色。蟹膏是雄蟹的肝胰腺、副性腺及其分泌物，呈半透明色。蟹黄、蟹膏都富含蛋白质和脂肪，味道鲜美。 秋分时节，大闸蟹开始进入性成熟阶段，此时雌蟹的蟹黄最发达，俗称“满黄”，口感最好。而雄蟹的成熟期则稍晚，一般进入 10 月中旬后，雄蟹发育完善，味道最为肥美。了解这些，有助于你在最合适的时节品尝到最美味的食物。

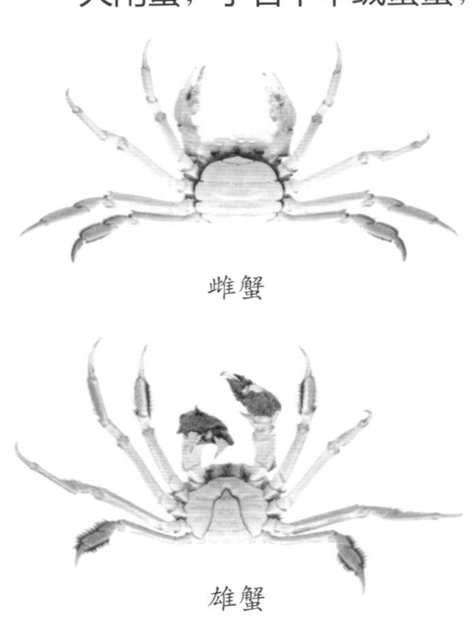
雌蟹

雄蟹

小活动：寻找蟹和尚

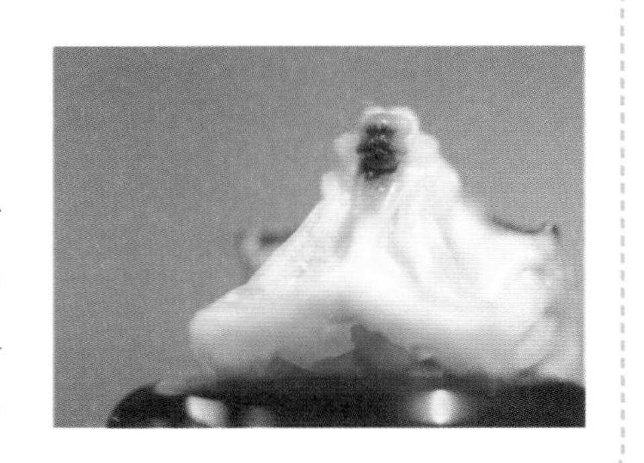

你读过鲁迅先生的《论雷峰塔的倒掉》吗？里面提到了一个藏身于大闸蟹中的“蟹和尚”。这个“和尚”到底有什么来头呢？其实它就是蟹的胃，位于大闸蟹头胸部前端，是一个三角形囊状物，不可食用。将它完整地取下来，清洗干净，如果这只螃蟹足够成熟，结构发育完全的话，你就能看到这个端坐参禅的“和尚”了。是不是很有趣，快来试着找找看吧。

寒露

你有没有发现山上的绿叶渐渐变了颜色？

你有没有感觉气温急剧下降？

你有没有发现“花中四君子”之一的菊花正悄然开放？

秋日望西阳

【唐】刘沧

古木苍苔坠几层，行人一望旅情增。
太行山下黄河水，铜雀台西武帝陵。
风入蒹葭秋色动，雨馀杨柳暮烟凝。
野花似泣红妆泪，寒露满枝枝不胜。

节气概述

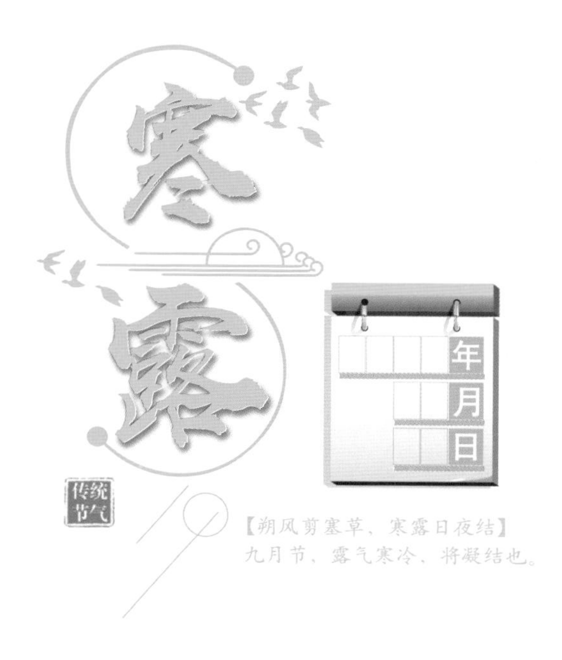

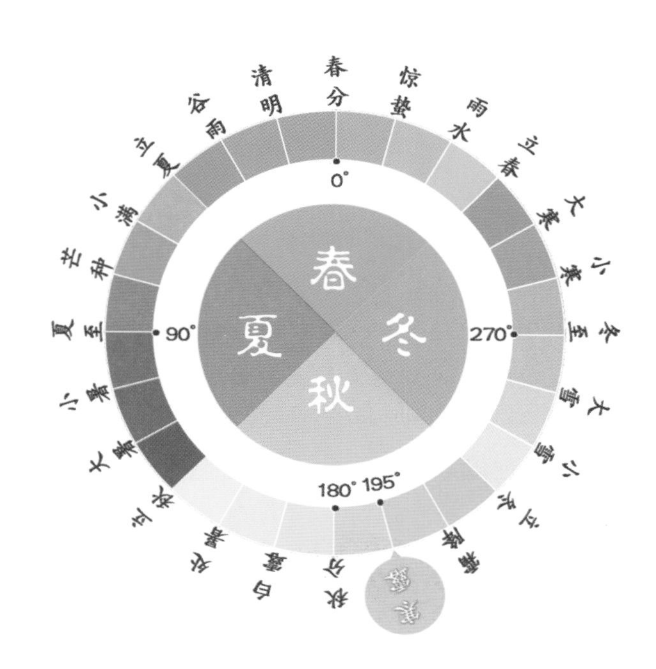

寒露，时间点在 10 月 7—9 日，这时太阳到达黄经 195°。《月令七十二候集解》曰：“九月节，露气寒冷，将凝结也。”古代人把“露”作为天气转凉变冷的表征。白露节气标志着从炎热到凉爽的过渡，暑气未全消，晨露晶莹闪耀，而寒露节气则是天气由凉爽到寒冷的过渡，露珠寒光四射。

谚语有云：“吃了寒露饭，单衣汉少见。”可见与白露相比，寒露时气温更低。此时全国的日平均气温不到 14 ℃，与秋分相比，降温幅度超过 3 ℃，大部分地区都能感受到秋日的凉意。我国的华北地区渐入深秋，白云红叶，偶见早霜；东北和西北地区甚至已进入或即将进入冬季；南方地区气温骤降，秋意渐浓。对重庆地区而言，寒露的平均气温比秋分降低了 2.8 ℃左右，降温幅度是二十四节气中的第三位，可见秋季虽短，威力却当真不可小觑。寒露时节，降水比夏季明显减少。此时，秋风起，梧桐叶落，茅草飞绒，苍耳挂果，野菊初开，风催枳椇新熟，露染木芙蓉胭脂色……虽然有万物凋落的哀伤，但仍不乏花开送香、果挂枝头的喜悦。

梧桐

野菊

枳椇（拐枣）

木芙蓉

走近三候

一候　鸿雁来宾

自白露节气开始，鸿雁大举南迁，“雁以仲秋先至者为主，季秋后至者为宾”，寒露时分，仍可见大量鸿雁南飞，但此时南迁的鸿雁相对较晚。按照古人的说法，先到为主，后至为宾，晚到的大雁就被当成了“宾客”对待。

二候　雀入大水为蛤

“雀”指的是黄雀这一类小鸟，“大水”指的是大海，“蛤”指的是软体动物蛤蜊。深秋天寒，古人发现鸟雀难觅踪影，而此时的海边恰巧出现了许多蛤蜊，它们的条纹及颜色与雀鸟很相似，所以古人将这样的现象误以为鸟雀飞入大海化为了蛤蜊。实际上，寒露时气温骤降，使得鸟类活动减少，而此时蛤蜊收获，大量出现在海边。鸟雀并未化为蛤蜊，这只是古人基于自然观察后将飞物化为潜物的生命轮回的美好期盼。

三候　菊有黄华

“季秋之月，菊有黄华”出自《礼记·月令篇》。寒露时节草木零落、百花摧折，菊花却开始盛开。山间野菊，娇羞的花苞在寒风中摇曳，黄色的花瓣在阳光下舒展，霎时间，漫山遍野的金黄，风中弥漫着清香，为这萧索的秋日增了颜色、添了芬芳，难怪诗人元稹叹道：“不是花中偏爱菊，此花开尽更无花。”

拓展视野

寒露识菊

“一夜新霜著瓦轻，芭蕉新折败荷倾。耐寒唯有东篱菊，金粟初开晓更清。” 白居易在《咏菊》中感叹秋风飒飒、露水成霜、树叶枯萎、万花凋零，唯独菊花迎风而立、不畏寒霜、傲然绽放、千姿百态。

不同于春夏开花的花朵，菊花的花期在 10 月中下旬，为什么菊花在此时开放呢？一般来说，日照是影响植物开花的重要因素。根据植物对日照长度的需求不同，大致可将植物分成长日照植物和短日照植物。菊花是一种短日照植物，只有在日照长度短于 10 小时的条件下才能开花。秋分过后，我国日照长度不断缩短，菊花的花芽开始逐渐分化并形成花蕾，到 10 月中下旬时，便有了菊花渐次开放的秋末美景。如果想使菊花按照人们的意愿提前或延迟开花，只要通过人为缩短或延长菊花的日照长度就可以达到目的，这也是现今我们一年四季都能见到菊花开放的原因。

从古至今，菊花作为“花中四君子”之一深受人们喜爱 ，它高雅傲霜、品质高洁，更是吉祥长寿的象征，正是人们对菊花的这份喜爱，促使人们不断培育新品种，迄今为止，我国已有 1000 多种菊花。菊花的新品种是怎么培育的呢？ 菊花原产于我国，是菊科菊属的多年生草本植物，既能借助种子进行有性繁殖，也可借助扦插、组织培养等方式进行无性繁殖。对于新品种的培育，人们首先会采用人工授粉的方式让两个不同品种的菊花杂交，随后便可得到同时含有两种菊花遗传物质的种子。这些种子长成新植株后，开出的花就可能拥有新的花色和花型等性状，最后再通过无性繁殖的方式扩大新植株的数量，这样就完成了新品种的培育。

菊花种子

菊花的扦插

菊花的组织培养

人们对菊花新品种的研究，不仅集中在花型的婀娜多姿，还在于花色的绚丽多彩。在自然状态下，菊花以黄、白、红、绿、紫等色居多，目前要改变菊花的颜色，可以借助杂交技术或者转基因技术，但最为简易的方式却是染色。经过染色而成的彩色菊，虽然花色不可以遗传给后代，但却打破了自然花色的局限，营造出别具一格的美感。那么，如何制作彩色菊呢？

彩色菊花

尝试制作彩色菊

目的要求

制作彩色菊并观察输导组织。

实验原理

植物中的输导组织能够运输水分和无机盐等，在水中添加水溶性食用色素，溶解在水中的色素能被运输到植物的全身，并不断沉积，从而使花瓣呈现出色素的颜色。时间越长，花瓣染色越深。

材料用具

白色菊花数枝，锥形瓶，食用色素，放大镜，刀片，吸水纸，显微镜，载玻片，盖玻片，镊子，胶头滴管。

方法步骤

1. 彩色菊的制作

(1) 在锥形瓶中加入适量的清水，滴入约半滴管食用色素，调成染液备用。

(2) 剪去花茎上的部分叶片，将花茎末端剪成斜切口后插入染液中。

(3) 当花瓣染出色素颜色后取出，清洗花茎末端，插入盛有清水的花瓶中。

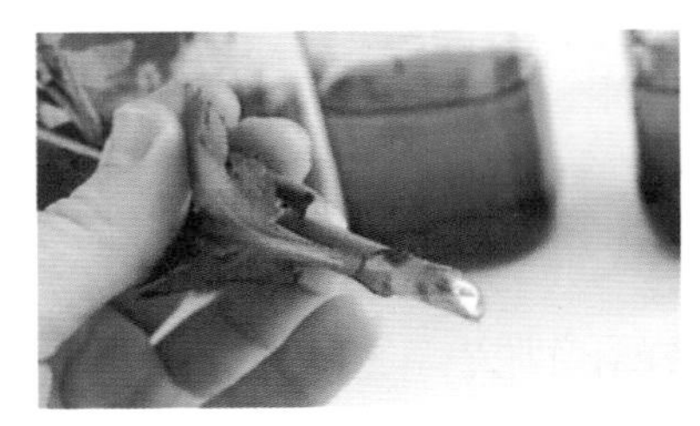

2. 输导组织的观察

(1) 用刀片将染色后菊花的茎分别纵切和横切，观察其内部的染色情况，并根据观察现象找到菊花茎内输导组织所在的位置。

(2) 取染色后的菊花花瓣 1 枚，用镊子撕取染色的部分组织，制成临时装片，在显微镜下观察菊花花瓣内的输导组织。

实验结果

菊花的茎染色后横切和纵切图

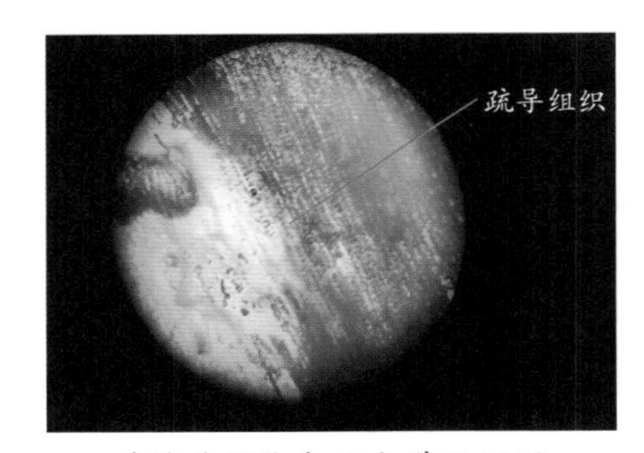

菊花花瓣染色后光学显微图

思考讨论

1. 想一想菊花的茎中参与运输色素分子的结构是导管还是筛管？

2. 在 2016 年河南开封的菊展上出现了一种“七彩菊”，它的每一朵花上有 3 ～ 7 种不同颜色，你认为这样的菊花是如何培育出来的呢？

霜降

“一场秋雨一场寒”，

草木黄落，虫鸣消失，动物蛰伏。

愈发寒冷的天气让大地“染”上了别样的秋色！

咏廿四气诗·霜降九月中

【唐】元稹

风卷清云尽，空天万里霜。
野豺先祭月，仙菊遇重阳。
秋色悲疏木，鸿鸣忆故乡。
谁知一樽酒，能使百秋亡。

节气概述

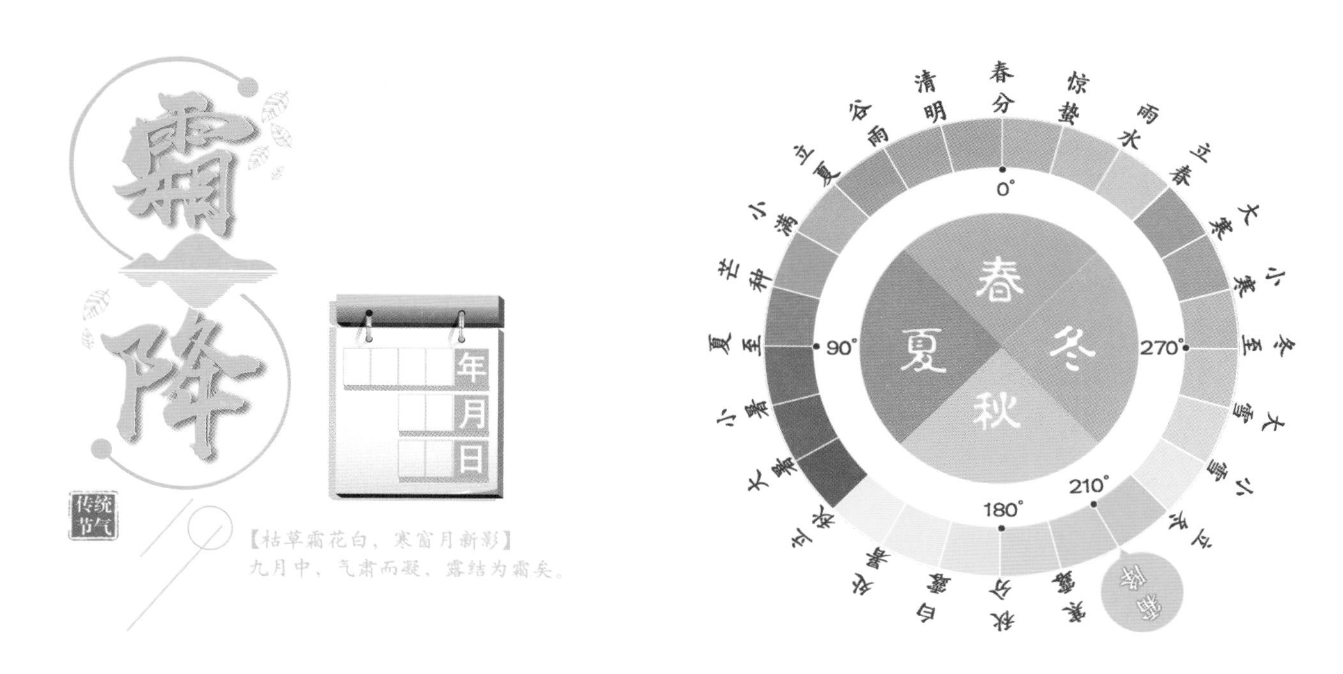

霜降，是秋季的最后一个节气，时间点在 10 月 22—24 日，这时太阳到达黄经 210°。此时冷空气南下，黄河流域的地表温度降到 0 ℃或以下，水汽在近地面物体上直接凝华成细小的冰晶，就形成了霜。霜降节气，天气渐冷、初霜出现，意味着冬天即将开始。

我国幅员辽阔，各地出现初霜的时间并不相同，“霜降始霜”主要反映的是黄河流域的气候特点。此时，霜冻袭击我国西北、华北和东北地区并逐渐向南渗透。霜降时节的重庆，秋意渐浓，平均气温在 15.7 ℃左右。城口率先出现初霜，含主城在内的西部地区出现初霜时间较晚，一般在 1 月下旬，其他区（县）出现初霜则是在 11 月中旬到 12 月下旬之间。重庆的年平均霜日从 40 多天（城口）到 10 天以内（中西部地区）不等。霜降时节，重庆降水总量较寒露时节减少近 3 成，日照时数增多。此时霜染层林秋色，柿子圆润金黄，荞麦花果同期，八角金盘花盛开……天微微凉，深秋美景悄然而至。

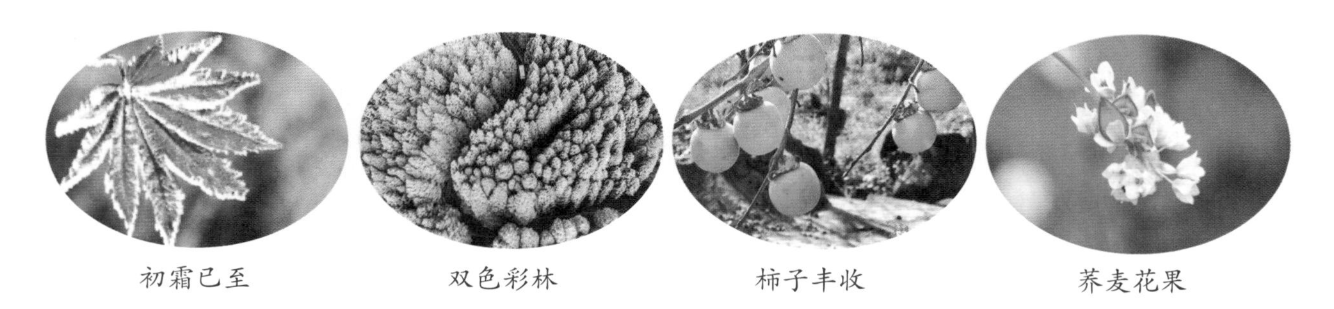

初霜已至　　双色彩林　　柿子丰收　　荞麦花果

走近三候

一候　豺乃祭兽

以豺狼为代表的兽类，在深秋时开始大量捕获猎物，食用不完就将猎物陈列。“祭”其实是古人的臆断，他们认为这是豺狼在祭祀天地。其实，这是大型哺乳动物贮存食物越冬的行为，是动物适应环境的表现。

二候　草木黄落

秋分之后，天气渐凉，草木渐渐有秋黄变色之意，但变化较为缓慢。霜降之后，气温更低，偶有初霜，霜降寒冻使得大部分草木出现枯黄凋落之象。

三候　蛰虫咸俯

“咸”是都、全部的意思。霜降之后，随着气温的降低,各种具有冬眠习性的动物都躲进了自己修建的“住所”里，进入一种不吃不动的休眠状态。冬眠是动物应对恶劣环境的一种策略，通过减缓新陈代谢等生命活动，捱过天气寒冷、食物匮乏的冬天。

拓展视野

植物对低温的适应性

霜降时，肃杀的天气裹挟着水汽凝华而成的白色冰晶席卷而来，这才有了“霜以杀木，露以润草“。此时植物似乎也感受到寒冷的冬季即将到来，它们纷纷用多种多样的方式来抵抗严寒、保护自己。

常言道“打霜菜，味更甜”，打过霜的十字花科植物，例如白菜、萝卜和菜花等蔬果口感更加清甜，因而在市场上格外走俏，那这“甜蜜蜜”的打霜菜是怎么形成的呢?

以萝卜为例，寒冷环境下萝卜发生应激反应，细胞中的淀粉在淀粉酶的催化下水解成麦芽糖，麦芽糖再分解为葡萄糖，加上寒冷环境中细胞的呼吸作用减弱，消耗的糖分少，糖分积累使得细胞液浓度增加，从而降低了细胞液的冰点，以防止细胞液结冰。也就是说，伴随着霜冻的出现，萝卜、白菜这类十字花科的植物，启动了自我防御机制，自主调节了细胞液浓度，用降低冰点的方式防止自身的细胞被冻坏，打霜的萝卜、白菜也因此变得更甜了。

探究0 ℃时纯水与糖水结冰情况

除此之外，植物还能通过贮存大量有机物或者通过保温保水结构（如鳞片、绒毛、蜡质等）越冬。植物的这些“低温防御机制”是生物在漫长的进化历程中对环境适应的结果。

甘薯贮存大量有机物

玉兰的冬芽外包裹绒毛

腊梅的蜡质

古语说“霜杀百草”，但真正“杀百草”的不是霜，而是冻。低温下，植物虽然能以各种方式适应环境，但一旦超出了植物的适应范围则会造成冻害。对于抗寒能力差的农作物，冻害能使植物体细胞内和细胞间隙中的水分变成冰晶，冰晶又不断吸收水分而增大，压伤压坏细胞，破坏植物形态结构，进而造成不可逆的损伤。

想一想

1. 生活中人们采用什么方式帮助植物抵御严寒呢?
2. 深秋寒冬时，人行道两侧的树干上缠绕的绳索、布条和刷白树干有什么作用呢?

叶片“变装”的奥秘

霜降时节，我国北方秋霜不期而至，山间的黄栌、乌桕、银杏早已换上了秋装，满眼望去，层林尽染，如霞似锦，正是一年中赏彩林的大好时节。此时，植物的叶片为什么会变色呢？

这和植物叶片中的色素有关。植物叶片中的色素主要包括叶绿素（分为叶绿素 a 和叶绿素 b）、叶黄素、胡萝卜素和花青素等。这些色素的含量和比例决定了叶片的颜色。叶绿素使叶片呈现绿色，但叶绿素 a 呈蓝绿色，叶绿素 b 呈黄绿色，它们的含量和比例不同会使叶片呈现从浅绿到深绿的颜色变化。此外，叶黄素、胡萝卜素、花青素分别使叶片呈黄色、橙色和红色。

较叶黄素和胡萝卜素而言，叶绿素是一种不稳定且易分解的化合物，它的合成和分解对光照和温度都较为敏感。春夏时节，温度较高、光照充足，利于叶绿素合成和维持稳定，植物叶片内叶绿素的含量远高于其他色素，叶片呈绿色。当秋季来临，温度下降、光照减弱，叶绿素的合成受阻而分解加速，叶片中的叶绿素含量明显少于叶黄素、胡萝卜素，叶片在此时换上了“黄色系秋装”。

变色的银杏叶片

金黄秋装衬银杏，丹霞恰配乌桕（jiù）红。和银杏不同，深秋季节的乌桕、枫树、漆树、爬山虎等植物的叶子却变成了红色。它们叶片的红色，一方面是由于叶绿素的减少，另一方面来源于体内花青素的增多。深秋天寒，植物为应对低温，会将体内的一些复杂有机物转化成葡萄糖，葡萄糖含量的增加和低温条件会促进细胞内花青素的合成，而葡萄糖的含量增加还会使细胞内部呈酸性，花青素在酸性条件下呈红色，所以叶片就红了。根据花青素含量的高低，叶片会呈现鲜红、深红、紫红等不同的红色系色彩，显得分外美丽。所以唐代诗人杜牧才赞叹道“停车坐爱枫林晚，霜叶红于二月花”。

枫树红叶　　漆树红叶　　乌桕红叶　　爬山虎红叶

观察叶片中的色素

目的要求

观察叶片中的脂溶性色素。

实验原理

植物色素包括脂溶性色素和水溶性色素，水溶性色素主要为花青素；脂溶性色素存在于叶绿体中，包括叶绿素 a、叶绿素 b、叶黄素和胡萝卜素。脂溶性色素不溶于水，易溶于有机溶剂（如汽油），但它们在有机溶剂中的溶解度不同。以汽油作为有机溶剂，利用纸层析法，溶解度高的色素随汽油在滤纸上扩散得快，反之，则慢。这样叶片中的脂溶性色素就会随着汽油在滤纸上的扩散而分离开。

材料用具

菠菜叶片，干燥的定性滤纸，烧杯，培养皿，铅笔，剪刀，直尺，92 号汽油。

方法步骤

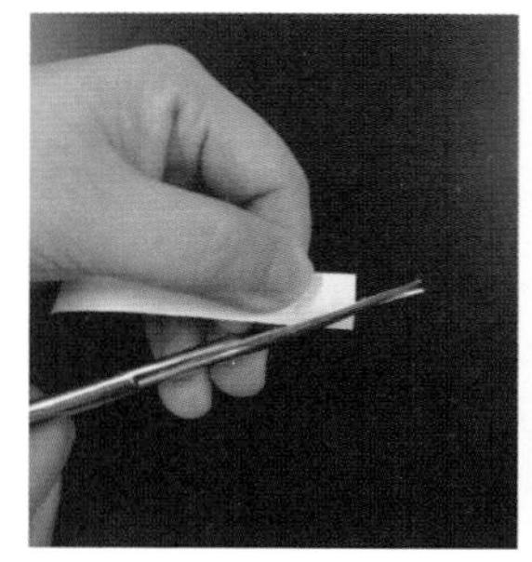
图 1

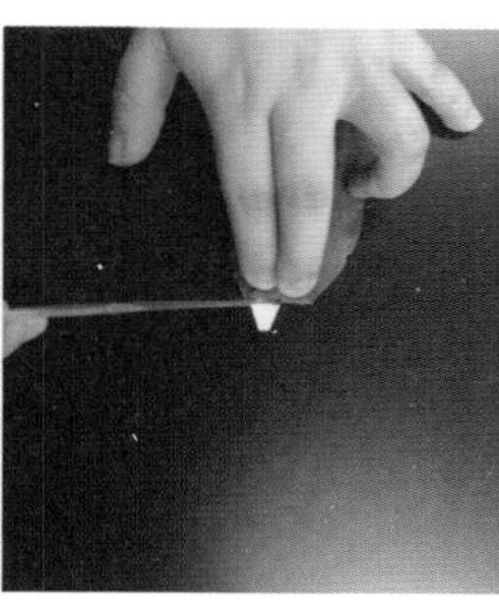
图 2

图 3

图 4

1. 将干燥的定性滤纸剪成 1 cm 宽、8 cm 长的滤纸条，将滤纸条的一端剪去两角（如图 1），并在距离这一端 1cm 处用铅笔画一条细的横线。

2. 将菠菜叶片放在滤纸上，用直尺沿着横线按压叶片（如图 2），叶片中的色素就会被按压至滤纸条的横线上，形成一条色素带。待色素带晾干后，再重复按压 2 ～ 3 次，得到清晰分明的色素带（如图 3）。

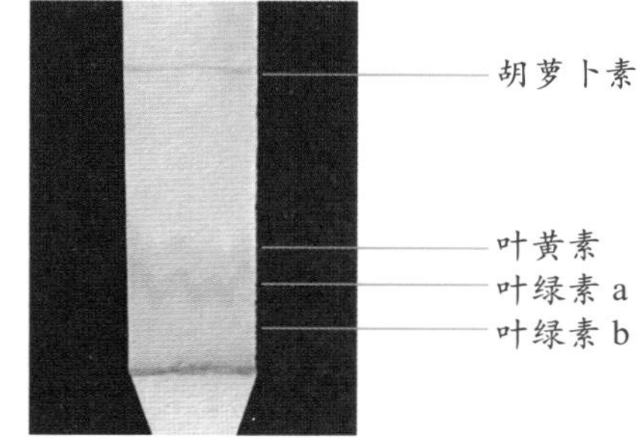

3. 将适量的汽油倒入烧杯中，将滤纸条有滤液色素带的一端朝下，其尖端轻轻插入汽油中（注意：色素带不可接触汽油），滤纸条另一端用培养皿压夹在烧杯口固定（如图 4），待滤纸条上出现了色素分离之后，取出滤纸条，观察并记录实验结果。

分享交流

请同学们采集校园中不同种类、不同颜色的植物叶片，照此实验方法进行操作，比较不同颜色叶片中色素种类及含量的区别。

研磨法提取和
分离叶片中的色素

霜降时的北国，银杏早已满树金黄、叶落纷飞；而此时的重庆，银杏仍绿意盎然、枝繁叶茂，只有等到小雪、大雪时才能见到银杏叶落似翻飞蝴蝶的美景。你有留意过银杏树叶片的颜色变化吗？它们都是一夜之间变黄的吗？请你当一回“小小观察员”，拍照并观察记录身边银杏叶片变色的过程吧。

日期	照片粘贴处	观察笔记
霜降日 20__年 10 月__日		
两周后 20__年__月__日		
20__年__月__日		
银杏叶片彻底变黄 20__年__月__日		

银杏叶，这迎风飘扬的金黄色“令旗”，为秋意增添了浓墨重彩的一笔。请你收集银杏叶片，用一把剪刀、一瓶胶水和你的一双巧手，尝试制作银杏叶片贴画吧！

尝试制作：银杏叶片贴画

材料用具

银杏叶片，其他植物叶片，胶水，剪刀，纸板，画笔。

方法步骤

1. 将收集的植物叶片压制干燥、抚平备用。
2. 按构思适当裁剪叶片。
3. 用胶水将叶片粘贴在纸板上，如有必要，使用画笔补充配色。

银杏叶拼贴画

立冬

你有没有感觉到天气越来越冷了？

你有没有发现树上的鸟儿少了？

因为冬天来了……

立冬（节选）

【唐】紫金霜

落水荷塘满眼枯，西风渐作北风呼。

黄杨倔强尤一色，白桦优柔以半疏。

节气概述

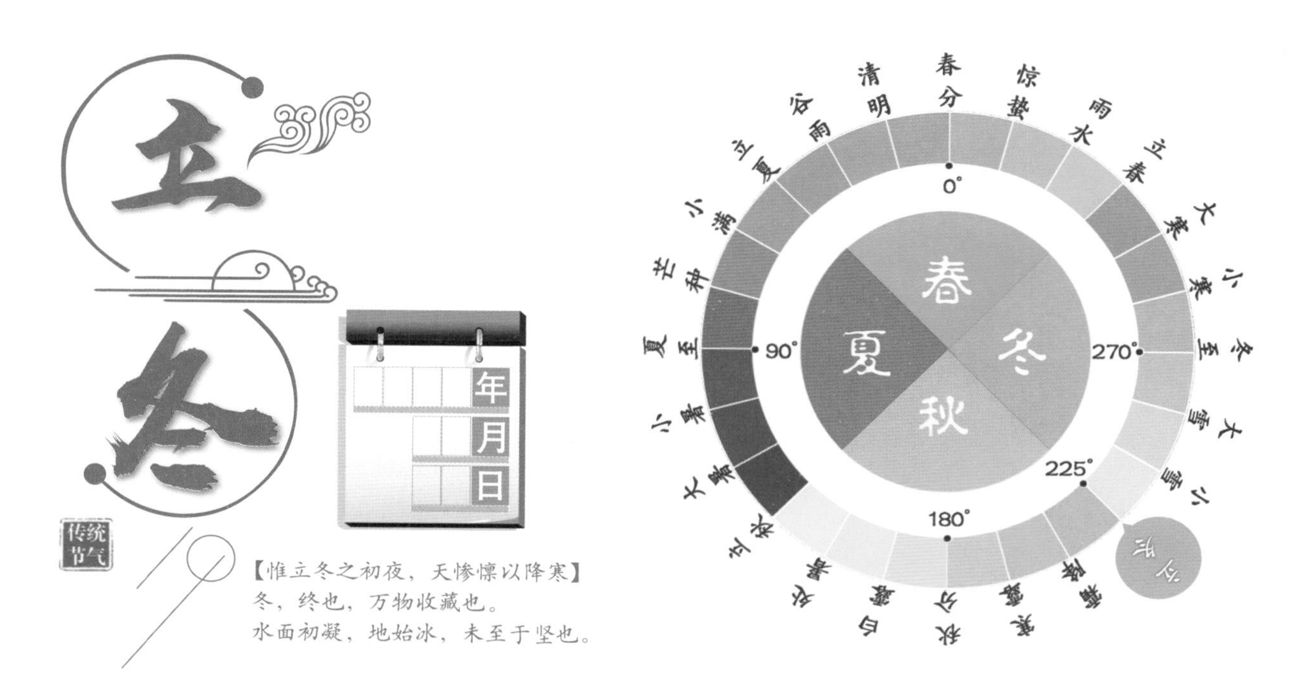

立冬，是冬季的第一个节气，时间点在 11 月 6—8 日，这时太阳到达黄经 225°。“立”为建立、开始，“冬”，终也，万物收藏也。意思是说秋季作物全部收晒完毕，收藏入库，动物也开始做着各种越冬的准备。所以立冬意味着万物收藏，规避寒冷。

立冬时节，正午太阳高度继续降低，日照时间继续缩短，全国平均气温降幅为二十四节气之首，常常出现强降温天气。按照气象学上的划分标准，日平均气温或 5 天滑动平均气温小于 10 ℃为冬季，黄淮地区的气候规律与“立冬，冬日始”的说法是相吻合的。通常情况下，我国最北部的漠河及大兴安岭以北地区 9 月下旬前后就已经进入漫长的冬季了，10 月中旬，西北、东北的部分地区先后迈入冬天的门槛，而我国南方大部分地区，在 11 月下旬到 12 月初入冬。重庆入冬时间在 11 月上旬至 12 月中旬，常年最早入冬的是城口县，平均日期为 11 月 7 日，恰好在立冬节气前后，而主城区入冬的时间为 12 月中旬（大雪节气期间）。可见，虽然我国民间习惯以立冬作为冬季的开始，但各地的冬季并不都是于立冬日开始的。

哈尔滨立冬　　北京立冬　　西安立冬　　重庆立冬

走近三候

一候　水始冰

在我国北方，此时冷空气势力较强，常常带来大风降温并伴有雨雪天气。一般来说，立冬一过，我国就逐渐进入寒冷季节。我国偏北地区的地面温度常降至 0 ℃，水面上开始结一层薄冰。

二候　地始冻

冰冻三尺，非一日之寒。立冬之时，便是冰冻之始。此时，北方的秋收早已结束，空旷的原野上，裸露出一片片红黄的土地。一场雨下来，在 0 ℃以下的泥土表层往往会出现一层薄冰，脚踩上去，“咯吱”作响。

三候　雉（zhì）入大水为蜃（shèn）

雉即指野鸡一类的大鸟，蜃为大蛤。立冬后，野鸡一类的大鸟便不多见了，而海边却可以看到外壳与野鸡的线条及颜色相似的大蛤。所以古人认为雉到立冬时就变成大蛤了，这样的说法充满想象且极富戏剧性。事实上，立冬，万物始成，大蛤等贝类生物到了收获的季节，因冬季水枯常会裸露在沙滩上。而此时野鸡类大鸟由于天气寒冷恰好减少了外出活动的频率，因此，造成了人们“雉入大水为蜃”的错觉。

拓展视野

冬眠是动物应对恶劣环境的法宝

立冬过后，气温逐渐降低，食物日渐匮乏，某些动物在此时生命活动处于极度降低的冬眠状态，是它们适应大自然变化的一种生理现象。

蜗牛将分泌出的黏液形成一层钙质薄膜封闭壳口，全身藏在壳中。

蟾蜍钻进泥土里，不吃不动，处于睡眠状态，以此来躲避严寒。

气温低于 10 ℃时，乌龟静卧于淤泥中或覆盖有稻草的松土中，不食不动，新陈代谢非常缓慢。

刺猬蜷着身子缩进泥洞里，不食不动，几乎不怎么呼吸，心跳慢到 10 ~ 20 次 / 分。

蝙蝠新陈代谢能力降低，呼吸和心跳每分钟仅有几次，血流减慢，体温降低到与环境温度相一致。

榛睡鼠在正式进入冬眠前，体重会急速上升至 25 ~ 40 g。体内预存的脂肪和能量让它在睡眠中安然度过漫长严冬。

各种动物的冬眠方式

科学家通过实验证明，动物冬眠时白细胞会大大减少，然而让人奇怪的是冬眠的动物却很少生病。不仅如此，冬眠后动物的抗菌、抗病能力比平时都有所增加，在次年春天苏醒后，其动作更加敏捷、食欲更加旺盛，身体内的一些器官甚至还会出现“返老还童”的现象，显然冬眠对它们来说是有益的。

研究表明，动物冬眠时甲状腺和肾上腺功能降低，新陈代谢减缓，但是神经系统和肌肉却仍然保持充沛的活力。目前在医学临床上广泛使用的低温麻醉、催眠疗法，便是受到动物冬眠的启发。

你知道吗？

你知道还有哪些动物需要冬眠吗？它们采用什么方式冬眠呢？外界温度、光照长短等因素对刺激动物们进入冬眠有什么影响呢？

立冬时令水果——柠檬

立冬正是柠檬上市的时节，柠檬是芸香科柑橘属的常绿小乔木，柠檬果富含维生素、糖类、微量元素等，具有很高的营养价值、食疗价值和药用价值。柠檬有美白肌肤、延缓衰老、健脾开胃的功效，更能预防心血管疾病，深受广大民众喜爱。

柠檬叶

柠檬花

柠檬果实

柠檬种子

柠檬精油是柠檬的精华，是从柠檬的新鲜果皮中提取出的一种精油。柠檬精油能改善循环系统和消化系统功能，增强免疫力，治疗消化不良和便秘。柠檬精油还有缓解头痛和偏头痛的作用。另外，柠檬精油的香气可以提神醒脑、振奋精神，缓解烦躁，净化空气。如果你在泡脚时滴入几滴柠檬精油，还可以达到活血通络的目的。

重庆市潼南区正在努力打造成“中国柠檬之都”。全区建设有柠檬精品园和柠檬产品综合加工厂，对柠檬进行研发和加工，主要产品包括柠檬饮料、柠檬冻干片、柠檬面膜、柠檬蜂蜜茶、柠檬精油、柠檬果胶等。

尝试制作柠檬精油护手霜

冬天来了，天气冷了，皮肤容易干燥开裂，护手霜是能够有效预防及治疗冬季手部粗糙干裂的护肤产品，经常使用可以使手部皮肤更加滋润。加入几滴柠檬精油，美白保湿，效果更好哦！

【提取柠檬精油】

材料用具

柠檬 3 kg，精油提取器或蒸锅，蒸隔，碗，精油瓶。

方法步骤

1. 初步观察柠檬果皮

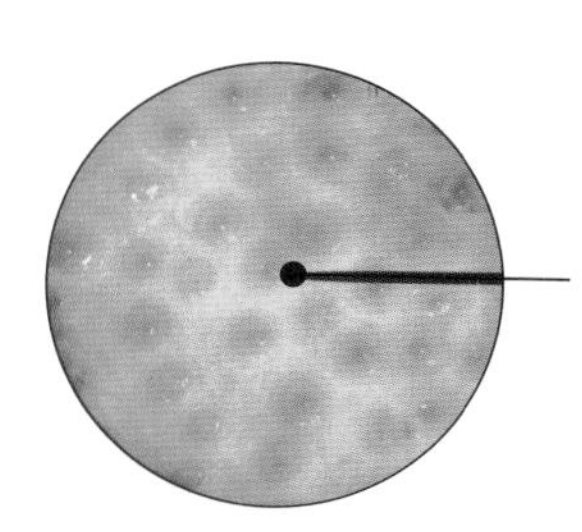

解剖镜下的柠檬果皮（10×2.5）

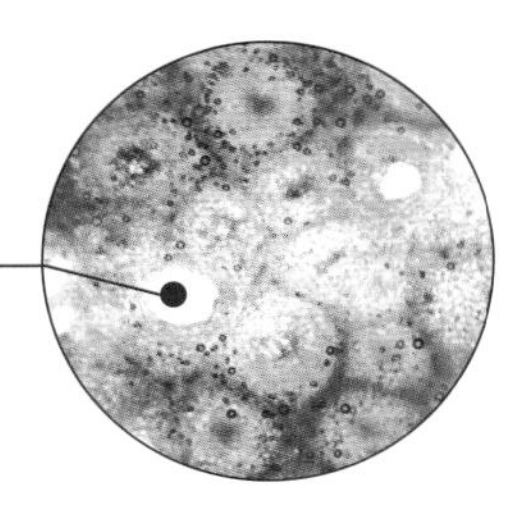

显微镜下的柠檬果皮（10×4）

分泌腔最初是一群具有少量分泌物的细胞，后来分泌物增多，细胞壁溶解，细胞解体，细胞中的分泌物就聚集在分泌腔中。分泌物大多是挥发油（我们要提取的精油）贮存在腔室内，故又称油室。

2. 提取方法

方法一：蒸锅蒸馏　　方法二：水蒸气蒸馏　　方法三：精油提取器

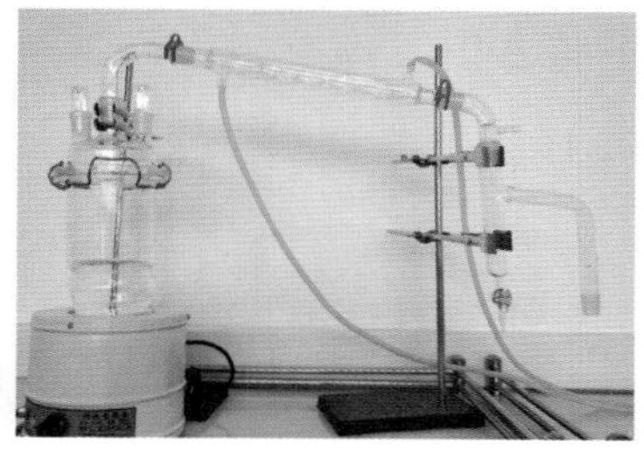

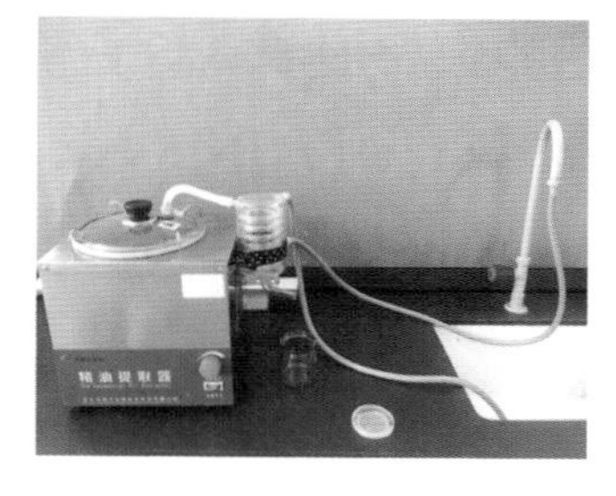

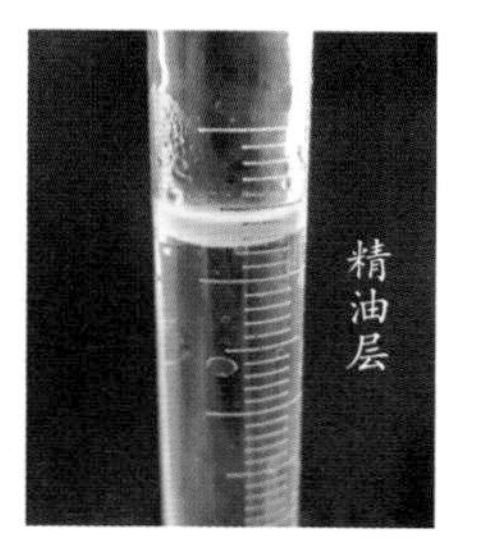

同学们，选择其中的一种方式提取柠檬精油，并装在精油瓶里备用。

【制作柠檬精油护手霜】

材料用具

纯净水，酒精，基础油，芦荟提取液，甘油，乳化剂，抗菌剂，柠檬精油，一次性吸管，裱花袋，分装瓶，100 mL 烧杯，10 mL 量筒，玻璃棒。

方法步骤

1. 将烧杯、量筒、玻璃棒用纯净水冲洗干净，并用酒精消毒。
2. 在烧杯 A 中加入 50 mL 纯净水。
3. 用吸管取 2 mL 芦荟提取液加入烧杯 A 中，并滴加 3 滴抗菌剂。
4. 用一次性吸管取 2 mL 甘油加入烧杯 A 中，用玻璃棒快速搅拌 2 分钟。
5. 用 10 mL 量筒量取 10 mL 基础油加入烧杯 B 中。
6. 吸取 2mL 乳化剂，加到烧杯 B 中，快速搅拌 3 分钟。
7. 将烧杯 A 中的混合液加入烧杯 B 中，快速搅拌 2 分钟。
8. 加入 4 滴柠檬精油，搅拌均匀，放入裱花袋，分装入瓶。

护手霜制作过程

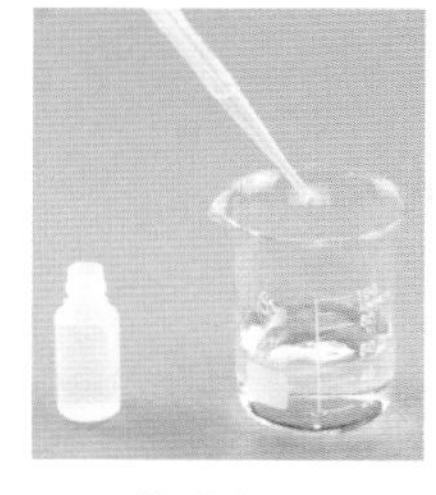

加芦荟提取液

加抗菌剂

加甘油

加精油

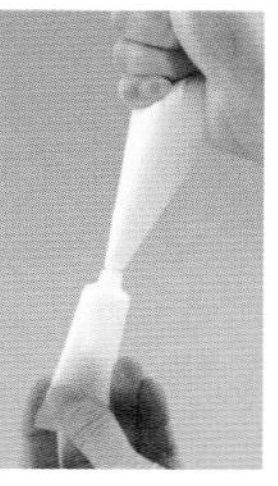

分装

成品展示

分享交流

同学们，制作过程中，你有什么心得体会呢？请和同学进行交流。

观察多肉植物的颜色变化

立冬过后，你有没有发现多肉植物逐渐呈现出丰富的颜色？要想让多肉植物越来越美，就要把握好养护三要素：低温、阳光、控水。控水比较好做，不干不浇，确保根部没有积水。低温是最重要的，因为低温直接抑制了叶绿素的合成，又促进花青素的合成，让多肉植物更容易上色；同时立冬时节阳光不会那么强烈，可以让多肉植物肆无忌惮地狂晒太阳，再也不用像夏天那样遮阴，这样就会增加光照时长。把握好这三点，抓住立冬之后的大好时机，好好养护你的多肉植物吧！

虹之玉锦

姬胧月

蒂亚

桃蛋

选择一种常见的多肉植物进行一段时间的观察，请记录并整理、分析数据！

你观察的多肉植物是＿＿＿＿＿＿＿＿					
时间	月　日	月　日	月　日	月　日	月　日
光照					
日平均气温					
颜色					
秀图 （绘图或拍照）					
你发现多肉植物颜色的变化与光照、气温之间有什么关联呢？					

继续悉心照料你的多肉植物，等到次年春天，在气温高于 20 ℃，春雨绵绵的时节，气温和湿度都刚好适合多肉植物的扦插，你可以尝试扦插繁殖多肉植物，静候更多的惊喜吧！

小雪

你看到新上市的大白菜了吗？

你观察到繁盛如雪的枇杷花了吗？

小雪至，气寒而将雪，但雪未盛。

次韵张秘校喜雪（节选）

【宋】黄庭坚

满城楼观玉阑干，小雪晴时不共寒。

润到竹根肥腊笋，暖开蔬甲助春盘。

节气概述

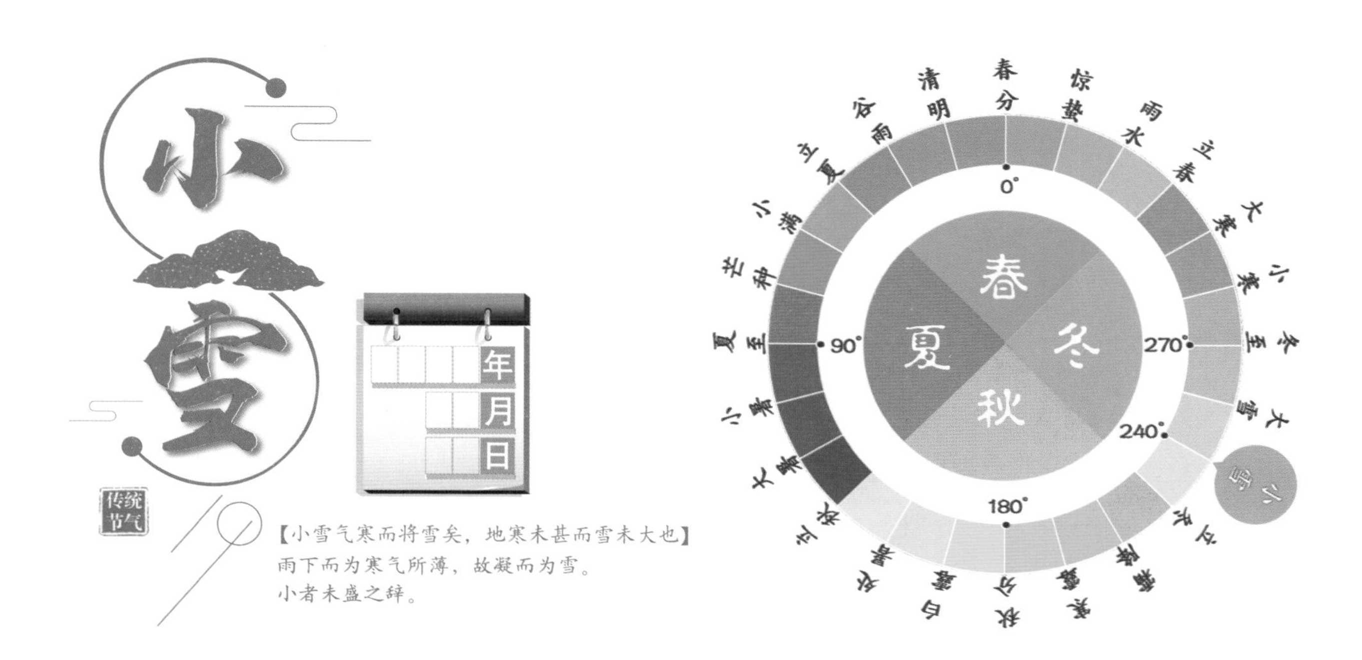

小雪，是冬季的第二个节气，时间点一般在 11 月 22—23 日，这时太阳到达黄经 240°。自小雪节气开始，西北风成为常客，万物萧条，失去生机，但天气尚未过于寒冷，虽有降雪，但雪量不大，故称“小雪”。

与立冬相比，进入小雪节气后，全国日平均气温降幅超过 3 ℃，但各个地区的气候特征仍然有很大差异。以北京为代表的北方地区气温逐渐降到 0 ℃以下，有降雪现象出现；以上海为代表的东部地区也会出现大范围大风降温天气；而此时，以重庆为代表的西南部地区较全国温暖许多，日平均气温仍在 10 ℃以上，大部分地区都还处于深秋，其降水量较上一节气减少近一半，为全年降水量减幅之首。处于小雪节气的重庆，虽然已无浓墨重彩的生机盎然，但仍然有别样的物候现象，赶水萝卜新上市，爬山虎叶已呈红，枇杷花繁耐寒风，银杏叶片渐黄落……这些美丽的景象在小雪时节的重庆都能找到。

赶水萝卜上市

爬山虎叶红

枇杷花繁

银杏黄落

走近三候

一候　虹藏不见

进入小雪节气后，便看不见彩虹了，这是因为全国范围内，这一时节的降水量明显减少。对北方地区而言，由于气温低于 0 ℃，即使有少量的降水也被降雪代替，难以见到彩虹；南方地区特别是重庆，虽偶有降雨，但日照少，自然“虹藏不见”。要再次看见彩虹，需等到来年清明。

二候　天气上升，地气下降

古人认为，出自天空的气是天气；下降到地体中的气是地气。天气下降即为雨，地气上升即为云。进入小雪节气后，地面辐射减弱，近地面和空中的能量、热量交换变得不旺盛，导致降雨减少，这种气候不适宜万物生长。

三候　闭塞而成冬

天气上升，地气下降，降雨减少，天气与地气无法相通，因此，天地闭塞而转入严寒的冬天，万物逐渐失去生机。冬，终也，万物收藏也。此时，人们会想办法将秋天收获的食物保存起来，保证整个冬季的食物供给。

拓展视野

巧用自然之力保存食物

俗话说：小雪腌菜，大雪腌肉。进入小雪节气后，全国各地气温逐渐下降，气候变得干燥，不再适宜农作物生长。古时冬季里，新鲜的蔬菜非常少，于是，家家户户便在小雪时节开始腌菜，以保证整个冬季的食物供给。如今，制作腌菜这一习俗依然被保留，饭桌上一碟小小的腌菜，虽不如大鱼大肉丰盛，但其清爽鲜香的口感蕴藏着浓浓的家乡味，让人心生富足感和幸福感。

“冬腊风腌，蓄以御冬”，用腌渍法保存食品在我国由来已久。据《齐民要术》记载，南北朝时期人们就可以熟练使用盐渍法、糖渍法。我国的酱菜技术在唐代有很大发展，并且还传到了日本。清光绪二十六年，陕南地方官吏曾进贡腊肉，慈禧食后，赞不绝口。我国古代人民充满了无穷的智慧，腌渍法一直沿用至今。比如，北方民间有在小雪节气腌菜的风俗，南方的人们常常会在此时制作豆腐乳。

腌菜

豆腐乳

果脯

果酱

人们选择在小雪时节制作腌渍食物，正是巧妙地借助了自然的力量。食物之所以腐败，是由于微生物大量繁殖所致，其中主要包括芽孢杆菌、酵母菌、霉菌等，抑制微生物的生长繁殖或杀死微生物可有效防止食物腐败。

小雪时节，由于低温，空气中的微生物大幅减少，此时食物存放的时间较长，再用盐渍法对食物进行加工，可进一步防止食物腐败。盐渍法是人们保存食物常用的一种方法，其原理是利用食盐造成微生物细胞外溶液的高浓度环境，导致细胞失水，使微生物脱水而死。重庆特产涪陵榨菜就是典型的利用盐渍法制作的食物。

知识加油站

细胞失水

细胞失水的原理是渗透作用。渗透作用是指两种不同浓度的溶液隔以细胞膜（一层半透膜），水分子的净流动方向是从低浓度溶液流向高浓度溶液。制作腌菜时，添加的大量盐或糖使得腌菜表面的微生物处于一种高浓度溶液的环境中，导致细胞大量失水而死亡。

解密涪陵榨菜

我国榨菜与法国酸黄瓜、德国甜酸甘蓝并称世界三大名腌菜，也是中国对外出口的三大名菜（榨菜、薇菜、竹笋）之一，榨菜中最享有盛名的当属涪陵榨菜了。据原涪陵州志《涪州志》记载：清光绪二十四年（公元 1898 年），涪陵县商人邱寿安就制作出了“嫩、脆、鲜、香”的榨菜。后来，涪陵榨菜制作手艺被传开，逐渐发展成一大行业。

青菜头是制作涪陵榨菜的原料，它是芥菜的一个常见变种——茎瘤芥的茎。其表皮青绿，肉质白而肥厚，质地嫩脆，富含人体所必需的糖、维生素以及钙、磷、铁等微量元素。

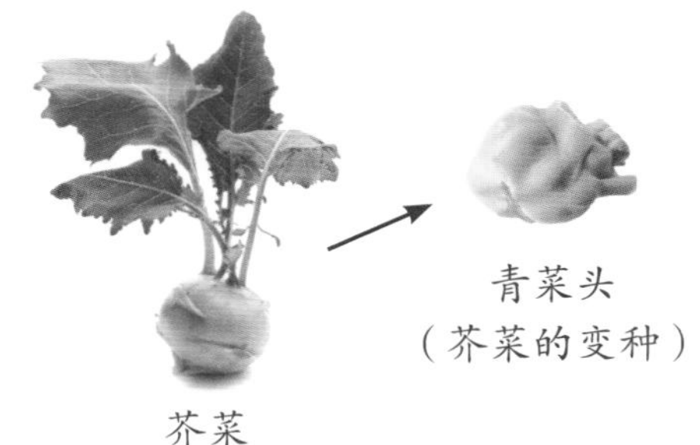

芥菜

青菜头（芥菜的变种）

涪陵榨菜以“嫩、脆、鲜、香”的特色被人们称赞。不同的腌渍调料、不同的腌渍时间等可以做出不同口味的榨菜。清爽、微辣、麻辣、酸辣……各种口味满足了人们的味觉需求。

清爽口味

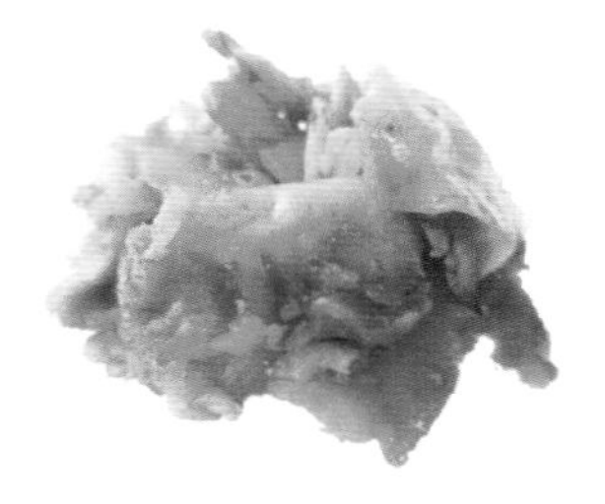

酸辣口味

麻辣口味

制作涪陵榨菜，从采摘青菜头、选菜开始，每一道工艺都有讲究，1000 kg 鲜菜历经多道工序之后只能出产 70 ~ 80 kg 成品榨菜。现在，涪陵榨菜的传统制作技艺已被列入第二批国家级非物质文化遗产名录。

切丝

挑拣

晾干

淘洗

压榨

拌料

装坛

挤压

涪陵榨菜传统制作过程（图片转自新华网）

涪陵榨菜的独特美味，让南方人的饭桌佳肴口味更加丰富。而在北方，人们也做出了不同风味的腌菜，其中辣白菜广受青睐。辣白菜是起源于朝鲜半岛的一种风俗发酵美食，特点是辣、脆、酸、甜，其制作方法也比较简单。

制作辣白菜

地区不同，口味不同，辣白菜的制作方法也有所不同。给大家推荐 一种简单的做法，让我们一起来制作美味的辣白菜吧!

材料用具

大白菜 1 棵，胡萝卜 1 根，梨和苹果各 1 个，韭菜 1 小束，大蒜 2 头，大葱白 3 根，老姜 1 大块，辣椒粉 150 g，盐 120 g，白砂糖 60g，鱼露 30 g，虾酱 30 g，糯米粉 30 g，菜板，菜刀，保鲜盒。

方法步骤

1. 将白菜洗净，纵切，一分为二，二分为四。

2. 掀开每一片白菜叶，在菜叶上均匀地抹盐，注意保持叶片的完整。

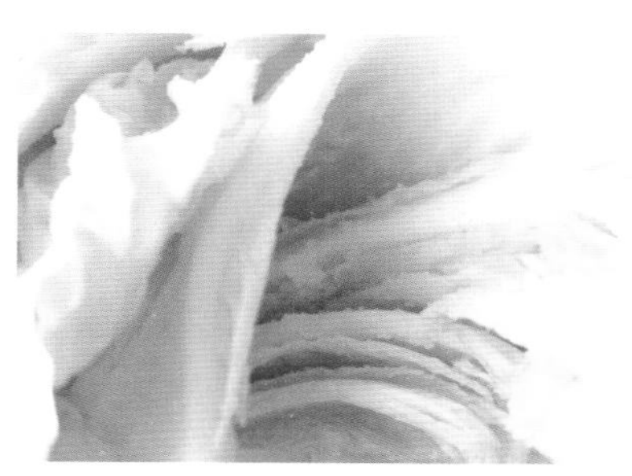

3. 待白菜腌渍 2 ～ 4 小时后取出，流水下洗净，挤压出白菜中多余的水分，沥干 1 ～ 2 小时。

4. 将韭菜切成段，胡萝卜切丝，苹果和梨切成碎粒，大葱白切成末，大蒜、老姜捣烂成泥，糯米粉熬成糊。将备好的食材与调料混匀，静置 10 分钟，再重新搅拌一次，成为酱状的调味料备用。

5. 将调味料均匀地抹在白菜上，注意保持叶片的完整。

6. 涂酱完成后，将大白菜由底端以紧密的螺旋状卷成筒状，放入保鲜盒中，盖紧盒盖密封起来。放入冰箱中，2 ～ 3 周后即可食用。

腌菜与亚硝酸盐

辣白菜带给我们全新的口感体验，酸甜香脆的泡菜也令人胃口大开，尽管如此，但不能顿顿都吃，日常饮食还是要多食新鲜蔬菜。腌菜在制作过程中由于温度过高、食盐用量过低、腌制时间过短等因素，都容易造成微生物大量繁殖，从而促进亚硝酸盐的生成。膳食中的亚硝酸盐一般不会危害人体健康，但是当人体一次性摄入的亚硝酸盐总量达到 0.3 ~ 0.5 g 时，会引起中毒；当摄入总量达到 3 g 时，会导致死亡。我国卫生标准规定，酱腌菜中亚硝酸盐的残留量不得超过 20 mg/kg。研究表明，泡菜腌制初期亚硝酸盐含量急剧增加，一般在腌制 10 天后，亚硝酸盐含量开始下降。我们可以尝试检测一下泡菜中是否有亚硝酸盐存在。

尝试检测泡菜中的亚硝酸盐

目的要求

尝试检测泡菜中是否有亚硝酸盐。

材料用具

泡菜，亚硝酸盐检测试纸，0.5 mg/kg、5 mg/kg 亚硝酸钠标准溶液，小烧杯，纱布。

方法步骤

1. 取 40 g 泡菜包在干净纱布中反复挤压，得到泡菜汁液。

2. 取出一个亚硝酸盐检测试纸条，将贴有试纸的一端插入泡菜汁液 2 秒钟后立即取出，5 分钟后观察试纸条的颜色变化。

3. 分别用 0.5 mg/kg 和 5 mg/kg 亚硝酸钠标准溶液代替泡菜汁重复步骤 2 操作。

4. 将未使用的亚硝酸盐检测试纸条与步骤 2、3 中的亚硝酸盐检测试纸条放在一起进行颜色比较，判断泡菜中是否含有亚硝酸盐。

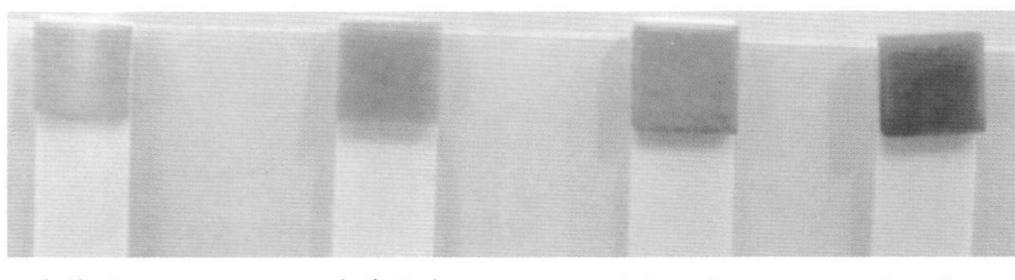

未使用　　泡菜汁液　　0.5 mg/kg 亚硝酸钠溶液　　5 mg/kg 亚硝酸钠溶液

思考讨论

1. 根据未使用的试纸条、滴加 0.5 mg/kg 和 5 mg/kg 亚硝酸钠标准溶液试纸条显示的颜色判断，你所检测的泡菜中是否含有亚硝酸盐？大致的含量是________________。

2. 重庆人喜欢吃跳水泡菜(腌制 1 ~ 2 天的泡菜)，根据你对泡菜中亚硝酸盐含量变化的了解，谈谈对跳水泡菜的看法。

3. 本实验所使用的亚硝酸盐检测试纸，虽然方便快捷，但灵敏度、准确度不高，只能做一个粗略的判断。定量检测泡菜中亚硝酸盐的含量需要更为精准的检测方法，请扫码了解。

亚硝酸盐定量检测法

大雪

你是否发现脐橙等柑橘类水果大量上市？
你是否知道巫山的红叶已布满山头？
这就是重庆的大雪节气。

江雪

【唐】柳宗元

千山鸟飞绝，万径人踪灭。
孤舟蓑笠翁，独钓寒江雪。

节气概述

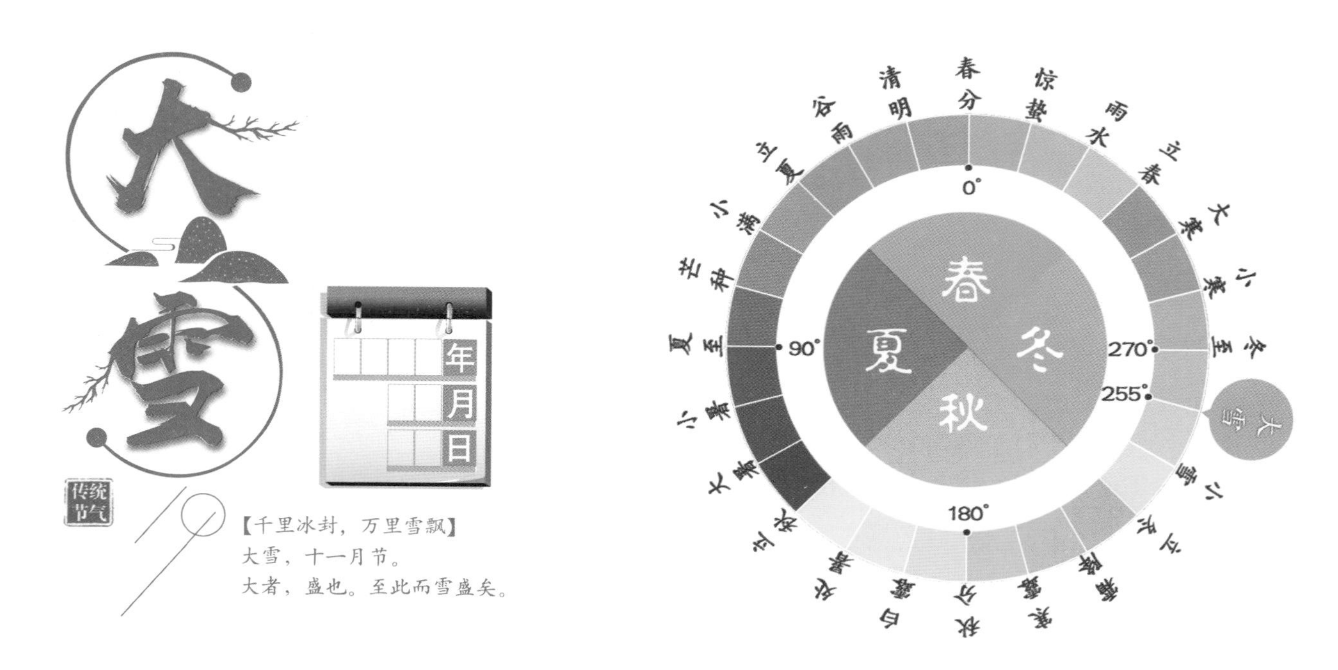

大雪，时间点在 12 月 6—8 日，这时太阳到达黄经 255°。大雪并不是指降雪量的增大，而是指与小雪相比较，大雪温度更低，降雪或积雪的概率增大。大雪标志着仲冬时节的正式开始。

大雪节气，除华南南部无冬区外，我国辽阔的大地已披上冬日盛装，日平均气温持续在 10 ℃以下。该时节恰遇冷空气南下，配以合适的天气条件，北方常会出现“万里雪飘、银装素裹”的景象，黄河流域一带也渐有积雪，而我国南方地区冬季气候温和而少雨雪，特别是广州及珠三角一带，依然草木葱茏。此时，位于西南地区的重庆，降水量继续减少，并且以小雨和中雨为主，大雨及以上量级的雨已“销声匿迹”。除綦江（平均 12 月 12 日入冬）外，大部分区（县）已经进入冬季，呈现出冬日里的别样美景，满地金黄的银杏落叶之美，巫山火焰般的红叶之美。此时，重庆特产奉节脐橙、梁平柚子、万州红橘等柑橘类时令水果大量上市。

银杏落叶　　巫山红叶　　奉节脐橙　　梁平柚子

走近三候

一候　鹖（hé）鴠（dàn）不鸣

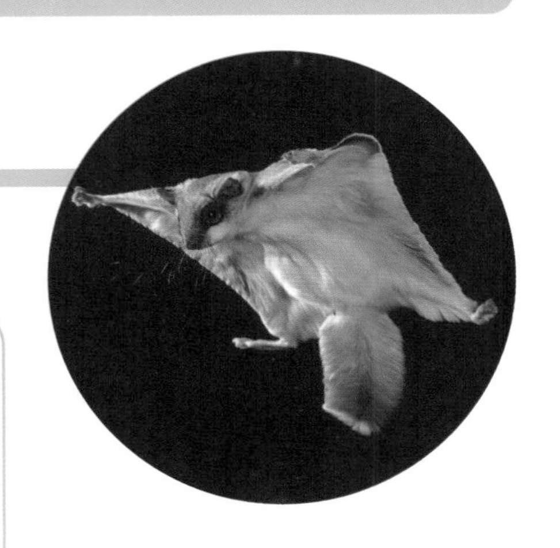

鹖鴠，亦“鹖旦”，又名“鶡鴠”，鸟名。古人认为鹖鴠是一种“夜鸣求旦之鸟”，在严寒的冬夜不断号叫，所以人们叫它“寒号鸟”。大雪时节，因为天气寒冷，寒号鸟也不再鸣叫。

现代科学证明，古人所说的寒号鸟并非鸟，而是一种啮齿类哺乳动物，学名“复齿鼯鼠”。

二候　虎始交

虎，是哺乳纲猫科动物中体形最大的一种，是亚洲特有的大型食肉动物，堪称万兽之王。“虎始交”是说大雪时节老虎开始有求偶行为。

据资料记载，不同的老虎交配的季节不同，大多数老虎交配没有固定时间，分布在高山寒冷地区的东北虎是在冬季交配。

三候　荔挺出

“荔挺”为马蔺，也叫马莲，鸢尾科鸢尾属多年生草本植物。植株高，叶宽，花紫蓝色，淡雅美丽，花密清香，自然分布极广，全国各地都有生长。“荔挺出”，是说大雪时节，荔挺已开始抽出新芽。

拓展视野

“南国嘉果”——奉节脐橙

大雪时节正是奉节脐橙大量上市的时候。奉节脐橙是重庆市奉节县特产，中国地标性产品。奉节县位于三峡库区，具有得天独厚的地理优势，是世界上少有的脐橙特产生态带。奉节脐橙果实短椭圆形或圆球形，果皮橙色或橙红色，果肉酸甜适度，汁多爽口，富有香气，具有较高的营养价值和药用价值。

每年 4 月是脐橙花开的时节，此时，在奉节的脐橙园，你会惊奇地发现橙红色的脐橙掩映在茂密的绿色枝叶中，白色的脐橙花点缀其间，花与果散发着沁人心脾的芳香，呈现出“花果同树”的奇观，吸引着各地游客前来观赏。脐橙花果同树现象形成的原因有两个：一是果农为了让脐橙留树保鲜，利用植物激素延长脐橙的留树时间，从而出现脐橙果实和脐橙花同时生长在树上的现象；另一个则是因晚熟品种结的果实可在树上挂果到次年 6 月，与花期重叠，从而出现脐橙花果同树的独特现象。

雌雄同花

花果同树

花果同树的奇特美景在忠县的三峡橘海景区也能看到，每年 4 月份，上一年晚熟品种的果实刚好成熟，新一年的橘花开始绽放，一簇簇如雪的橘花，一树树橙黄的果实，掩映在一望无边的橘海之中。

脐橙的果实顶部有一个凸起或者凹陷的结构，像极了哺乳动物的肚脐，所以称脐橙。整个脐包裹在果皮内部，有部分凸出果皮的称开脐或者露脐，没有凸出果皮的称闭脐。脐橙果实上的脐，其实就是一个未发育完全的小橙子。这个小橙子是怎么来的呢？

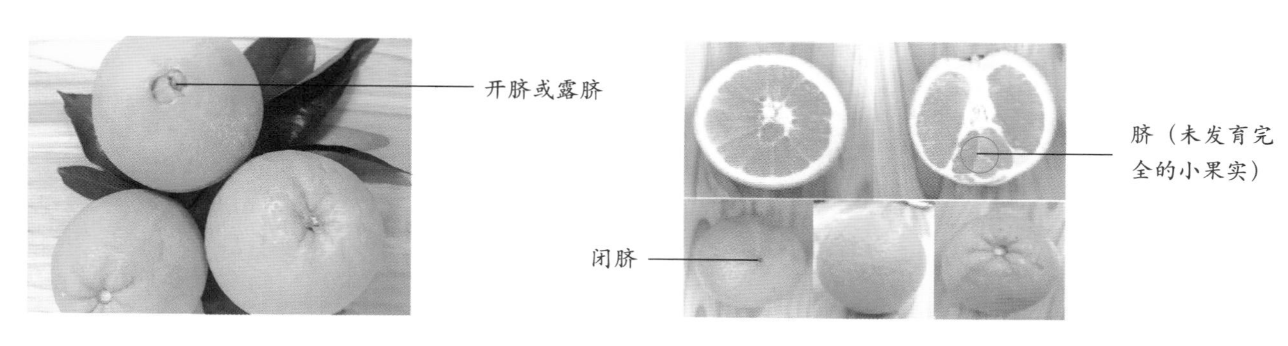

真果的果实由整个子房发育而来，而我们吃的果肉是由子房壁发育而来。这样，脐橙的大橙子里包裹小橙子是不是就像一个大子房包裹着小子房？有科学家就推测从脐橙花的结构入手，或许能弄清楚这个小橙子是怎么来的，于是他们解剖了脐橙的花，发现脐橙的花在发育早期就发生了变化，普通甜橙的花仅有一层心皮发育，而脐橙的花则在第一层心皮之内还有一层次生心皮形成，这与果实成熟后大橙子里有小橙子是一致的。可见，脐橙上的脐，就是次生心皮不完全发育形成的小橙子。

吃过脐橙的话，你就不难发现脐橙没有种子。脐橙开花，且雌雄同株，怎会没有种子呢？原来，脐橙的花从外观上看发育正常，但花药成熟后不开裂，花粉囊不产生花粉，或只产生极少量花粉，且为空粒花粉，所以雄蕊高度不育，从而导致传粉受精受阻，胚珠无法形成种子。

脐橙和其他甜橙不一样，是单性结实。所谓单性结实，是指子房不经过受精作用而形成果实不含种子的现象。脐橙虽没有种子，但可以通过无性繁殖——嫁接来繁殖后代。

嫁接

脐橙树的嫁接

脐橙的果实属于柑果，柑果是芸香科柑橘属植物特有的果实类型，由复雌蕊形成，外果皮革质，软而厚，有油腔；中果皮较疏松，具多分支的维管束；中间隔成瓣的部分是内果皮，向内生有许多肉质多汁的肉囊，为食用的主要部分。除了内果皮，脐橙的中果皮和外果皮也具有较高的实用价值，不仅可以食用，还有一定的药用价值，成熟脐橙的中果皮和外果皮晒干即可做成中药陈皮，是典型的食药同源药材。

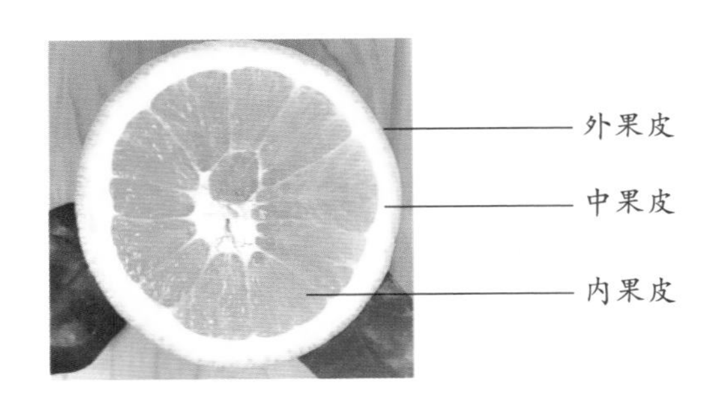

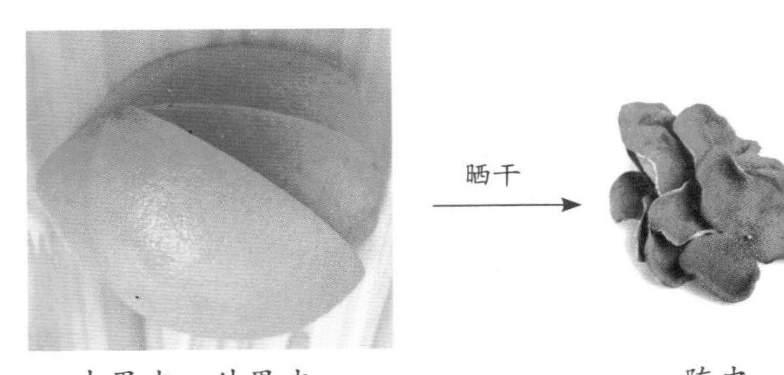

中果皮、外果皮

陈皮

晒干后的橙子皮可入药，新鲜的橙子皮同样有它的妙用。橙子皮中含有橙油，其主要成分是柠檬烯。柠檬烯对于油类、化肥、农药、果蜡等有机化合物有着极强的溶解作用。日常生活中，我们可以用橙子皮制作纯天然的清洁剂来代替市场销售的清洁剂，既经济又环保。接下来，我们一起去试试吧！

尝试用橙子皮制作天然清洁剂

材料用具

4～5颗橙子，水，小苏打粉1匙，喷瓶一个。

方法步骤

1. 橙子洗净，取下果皮。

2. 将果皮倒入锅里，加水淹没。

3. 水煮沸，当果皮的清香蔓延出来，再煮10分钟即可捞出，将橙子皮水倒入碗中待凉。

4. 向橙子皮水中加入小苏打粉1匙，搅拌均匀。

5. 装入喷瓶里，即可使用。

使用方法

1. 将橙子皮清洁剂喷在需要去油污的地方；
2. 用海绵轻轻擦拭（油污严重的地方，喷后静置一会儿再擦洗）；
3. 最后用清水擦洗干净即可。

温馨提示

橙子皮清洁剂是纯天然的，为避免变质，尽量在三个星期内用完。

分享交流

你做的橙子皮清洁剂效果如何呢？除了做成清洁剂，日常生活中，橙子皮还有哪些妙用呢？把你知道的有关橙子皮的生活小妙招分享给大家吧！

“天然水果罐头”——柚子

大雪时节，正值柚子大量上市。柚子清香、酸甜、凉润，含有非常丰富的蛋白质、有机酸、维生素以及钙、磷、镁、钠等人体必需的元素，营养丰富，药用价值很高，具有健胃、润肺、补血、清肠、利便、预防脑血栓等功效，不仅是人们喜食的一款水果，也是医学界公认的最具食疗效果的水果之一。

重庆盛产柚子，而且品种繁多，如梁平柚、垫江白柚、长寿沙田柚、巴南五布柚，等等。

梁平柚

垫江白柚

长寿沙田柚

巴南五布柚

人们一般只食用柚子果肉（果实结构上实为其内果皮），殊不知常常被我们扔弃的柚子果皮也具很高的实用价值。市场上畅销的蜂蜜柚子茶就将柚子的果皮和果肉完美地利用了起来，不仅味道清香可口，更是一款具有美白祛斑、嫩肤养颜功效的食品。蜂蜜中含有的 L– 半胱氨酸具有排毒作用，柚子含维生素 C 比较高，有一定的美白效果。蜂蜜柚子茶能将这两种功效很好地结合起来，食用可以清热降火、嫩白皮肤。

除此之外，柚子的白瓤（果实结构上实为其中果皮）也可以食用，凉拌、炒菜或者做成麦芽糖柚皮，不仅可以降低菜中的脂肪含量，化解油腻，还具有暖胃、止咳化痰、润喉等食疗作用，切条晒干还可以制作成天然蚊香，其清香的气味不仅能够驱蚊，对人体也没有危害。

柚子白瓤软而厚，是具有多层结构的海绵组织，富含微孔纤维结构，该空隙结构有利于吸附各类大分子。柚子白瓤中富含纤维素，而纤维素中的羟基是金属活性捆绑点，因此，很多研究人员通过化学方法改良柚子的白瓤，使其羟基数量增加，作为吸附剂来清除污水中各类重金属。用柚子白瓤制备的黄原酸酯就是一种具有良好作用的综合治理含 Cd^{2+}（二价镉离子）废水的新型材料。

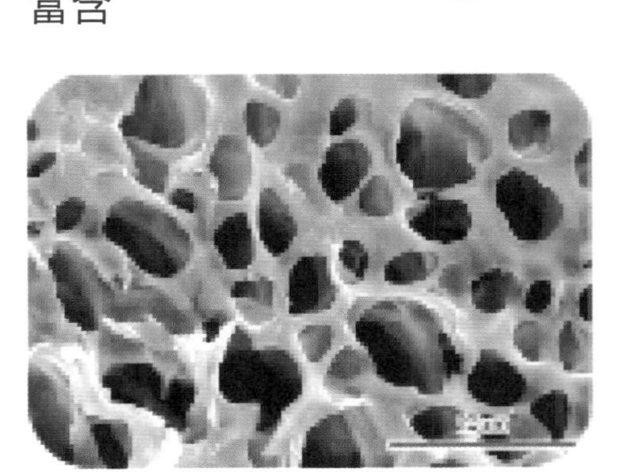
柚子白瓤电镜图

冬至

“一九二九不出手，三九四九冰上走，……”

你听过这首《数九歌》吗？

你知道歌谣中的“数九”是从哪天开始数吗？

小至

【唐】杜甫

天时人事日相催，冬至阳生春又来。
刺绣五纹添弱线，吹葭六琯动浮灰。
岸容待腊将舒柳，山意冲寒欲放梅。
云物不殊乡国异，教儿且覆掌中杯。

节气概述

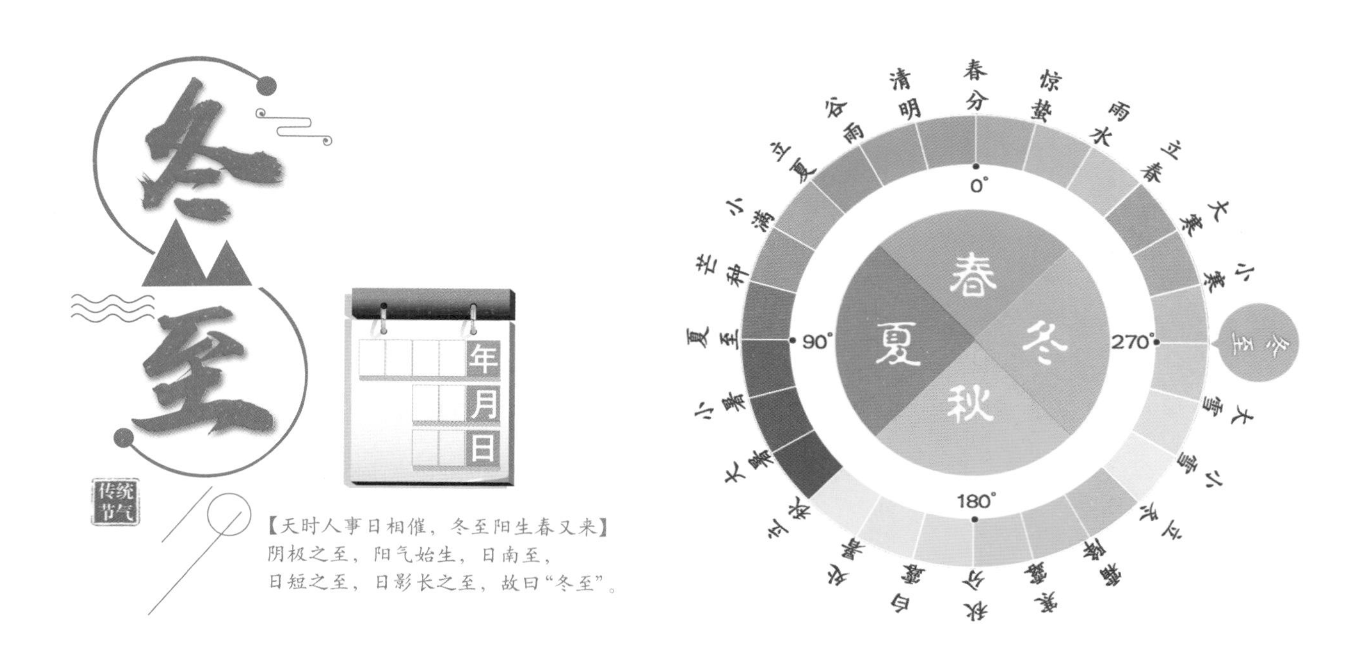

冬至，时间点在 12 月 21—23 日，这时太阳到达黄经 270°。冬至的“至”有极致、到头的意思，是指冬至这天，太阳直射地面的位置到达一年的最南端（太阳直射南回归线），随后开始向北移动。因此，冬至是我国白昼最短、黑夜最长的一天（如重庆 2018 年的冬至日夜晚时长是 13 时 45 分，白天时长 10 小时 15 分），冬至后，白天的时长会渐增。

进入冬至，由于短期内地面每天散失的热量比吸收的热量多，所以气温在一段时间内会持续走低，迎来百姓所说的“数九寒天”。东北大地此时已是千里冰封，黄淮流域也常银装素裹，而地处西南，群山环抱的重庆却是另一番景象，林间溪畔，虎耳草翠绿依然，掉光叶子的法国梧桐干净利落地站在道路两旁！山茶不惧阴冷，枝头的花骨朵正忙着为新蕊初绽蓄积力量。最让人惊诧的是蜡梅，似等不及，已傲寒盛放，小园幽香！江津的甘蔗这时候也成熟丰收了，咬上一口，舌尖上的甜让人久久难忘！

翠绿的虎耳草

含苞的山茶

盛放的蜡梅

成熟的甘蔗

走近三候

一候　蚯蚓结

蚯蚓，穴居土壤，也称曲蟮、地龙。身体圆柱形，有许多彼此相似的环形体节，主要以腐殖质为食。蚯蚓是变温动物，体温会随着环境温度的改变而变化，当环境温度低于 5 ℃时，蚯蚓在泥土里，把身体蜷成一团，开始冬眠。人们把蜷缩身体冬眠的蚯蚓形象地称之为“蚯蚓结”。冬眠是蚯蚓对低温环境的适应性行为，有利于生存。

二候　麋角解

麋就是麋鹿，一种大型食草鹿科动物，蹄宽大，常栖息在沼泽地带，主要以水草和嫩叶为食。过了冬至，麋鹿的老角脱落，慢慢长出新角。古人把麋角脱落称之为“麋角解”。

三候　水泉动

天气寒冷，湖、河的表面常见有薄冰，但泉眼里山泉水却在汩汩外流，一是由于来自地下的泉水含有矿物质，降低了水的凝固点；二是表明此时还未到冬季气温最低的时候。

拓展视野

麋鹿保护　不再“迷路”

麋鹿，是我国特有的鹿科动物。由于它角似鹿，脸似马，蹄似牛，尾似驴，俗称“四不像”。雄麋鹿头上一般有角，呈掌状或树枝状向后和向外伸展，是抵御敌害的武器。鹿科动物的角到了一定时间会自然脱落并随之长出新角（鹿茸），麋鹿也不例外。有趣的是其他鹿科动物老角脱落常发生在春夏之交，而麋鹿则是在最寒冷的12月、1月进行。此时天气寒冷，为防止冻伤刚刚长出的新角，其外表生有较多、较厚密的绒毛，因此，人们也常把新角称之为麋茸。麋茸含有大量有益于人体健康的多种氨基酸、维生素、微量元素、激素等，具有抗疲劳、抗衰老、提高免疫功能、增强抗病能力等功效，因此，麋茸具有很高的药用价值，是一味名贵中药。

麋茸

科学家根据出土的化石考证，麋鹿起源于200多万年前。因环境变化、食性狭窄和人为干扰等因素的影响，麋鹿迅速衰落。到清朝初年，野生麋鹿几乎绝迹，剩下的少数麋鹿被捕捉到皇家猎苑饲养。1900年，八国联军将皇家猎苑的麋鹿劫掠至欧洲，从此麋鹿在我国销声匿迹。1985年，经多方协商，首批20头麋鹿从英国回归故里——南苑，北京市政府在那里成立了南海子麋鹿苑。一百年前，天灾人祸让它在我国灭绝，一百年后，它又远涉重洋，重回故土。

现今，我国已在北京南苑、江苏省大丰、湖北石首、河南原阳等地成立了麋鹿生态实验中心，对麋鹿行为和生态开展研究，实施麋鹿散养计划，推进麋鹿的保护工作。目前，江苏大丰麋鹿保护区已有可自我维持的麋鹿野生种群，其野生麋鹿繁殖的成功率也位居世界首位，结束了我国数百年来麋鹿无野生种的现象。

冷香浮动话蜡梅

冬至期间，百花凋零，而重庆的大街小巷却蜡梅飘香。蜡梅是落叶灌木，常丛生，又名金梅、蜡花、黄梅花。蜡梅先花后叶，花黄似蜡，花瓣中的油细胞可以分泌出芳香油，挥发扩散到空气中，香味扑鼻。阳光越好，芳香油就挥发越快，香味也就更加的浓郁。

蜡梅的花期达数月之久，12 月到次年 2 月均可见花。花谢之后蜡梅的果实悄现枝头，果实外层浅黄绿色，形如坛状或椭圆形的结构常被人们误认为果皮，它实则是由花托发育而来的果托，果托把幼嫩的果实包裹其中，对果实起到保护作用。蜡梅的果托成熟前是黄绿色，成熟过程中渐变成淡红或褐色。在重庆的 5 月中下旬，蜡梅果实成熟，其果托、果皮及种子均含有蜡梅碱等有毒成分，若误食，会出现腹泻等中毒现象，故蜡梅果又俗称“土巴豆”。

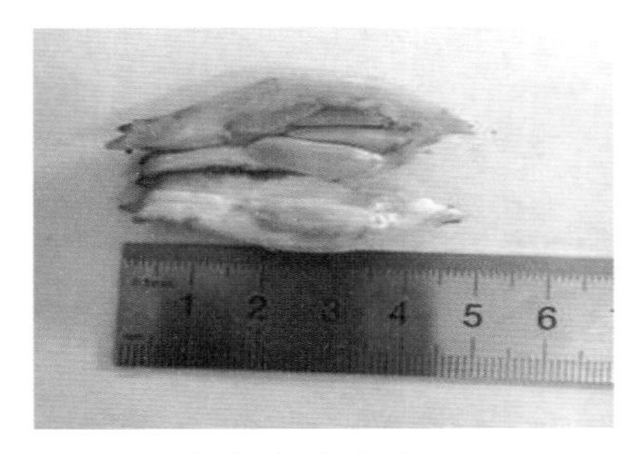

发育中的果实

成熟的果实（部分带果托）

果实与种子

随着对蜡梅的深入了解、研究，以蜡梅为原材料开发的产品也越来越多，如蜡梅香水、面霜、香皂、卸妆油等，这些美容护肤品也逐渐受到人们的喜爱。

重庆近郊北碚静观镇种植蜡梅的历史已有 500 多年，有人称“十里长山崖，十里蜡梅林”。这里蜡梅种植大约有 2 万亩，是全国面积最大、花香最浓、花色最艳的蜡梅生产示范区及观赏景区，有“中国蜡梅之乡”的美誉。

蜡梅的繁殖方法很多，常见的有嫁接、扦插、压条或分株繁殖，花农常用扦插的方法繁殖大量的蜡梅制作盆景和盆栽。扦插前，花农通常会将枝条放在生根粉溶液中浸泡一段时间。生根粉是园艺上常用的一种药剂，主要成分是萘乙酸，它对扦插的枝条有什么作用呢？

探究萘乙酸（NAA）对蜡梅枝条扦插的影响

背景知识

萘乙酸，简称NAA，是人工合成的与植物生长素有类似作用的一类化学物质，常用于农业或园艺栽培。

提出问题

一定浓度的萘乙酸能促进扦插的蜡梅枝条生根吗？

作出假设

你作出的假设是____。

制订计划

实验思路：把若干长势相近的蜡梅枝条分成数量相等的A、B两组，把两组枝条分别于蒸馏水和萘乙酸（100 mg/L）中浸泡相同时间，取出后同等条件水培，观察并记录两组蜡梅枝条的生根情况，从而分析萘乙酸对蜡梅扦插的影响。

材料用具：玻璃棒，萘乙酸母液（1000 mg/L），棕色试剂瓶，锥形瓶，蒸馏水，烧杯，量筒，剪刀等。

方法步骤：

1. 配制萘乙酸（NAA）溶液：取萘乙酸母液10 mL与90 mL蒸馏水混合，配制成浓度为100 mg/L的萘乙酸（NAA）溶液100 mL放入A瓶，B瓶加入100 mL的蒸馏水。

2. 处理枝条：扦插的蜡梅枝条长度为15 cm左右为宜，需带有芽或芽眼；枝条形态学下端剪成斜面，其目的是增加接触面积，有利于吸收水分和营养物质等。蜡梅枝条按要求处理后，分成数量相等的A、B两组。

3. 浸泡枝条：在阴凉环境下，将A组枝条放入A瓶（NAA浓度为100 mg/L）、B组枝条放入B瓶（NAA浓度为0 mg/L）浸泡15～20小时。

4. 水培：把完成浸泡的A、B两组枝条取出，用等量清水替换A瓶、B瓶的原有液体，重新装入后，分别把A、B两组枝条放入A瓶、B瓶，在适宜环境下水培，每3～4天换水一次。在水培过程中观察并记录生根的枝条数量。

时间 / 水培瓶	生根情况						
	第2天	第4天	第6天	第8天	第10天	第12天	第14天
A号瓶（经NAA处理的枝条）							
B号瓶（未经NAA处理的枝条）							

实施计划

按照上述方案实验，并认真观察，如实记录。

得出结论

你的实验结果与假设一致吗？____________________________。

你的结论是____。

思考讨论

1. 你认为该实验过程中，B组实验起什么作用？

2. 在水培过程中，A组、B组枝条的生根情况一样吗？若有差异，试分析差异产生的原因。

由此可见，生根粉（萘乙酸）能促进扦插枝条生根，提高蜡梅扦插的成活率。

冬季养生，多食菌类

中医认为：“万物皆生于春，长于夏，收于秋，藏于冬，人亦应之。”也就是说，冬天是一年四季中保养、积蓄的最佳时机。

全国各地会在冬至日纷纷进行“补冬”，以适应气候的季节性变化，调整身体素质，增强体质，提高机体的免疫能力，以抵御寒冬。食用菌类是冬季养生的理想食品，可以避免维生素和矿物质的缺乏。

尝试制作孢子印创意画

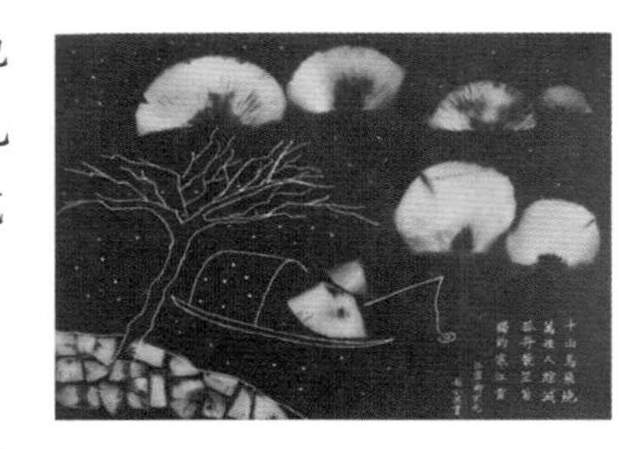

食用菌是大型真菌，可以通过产生大量的孢子来繁殖后代，孢子位于菌褶上。不同菌的孢子颜色有所差别，形成的孢子印形状也有所不同。你可以参照以下方法尝试收集不同菌类的孢子，进行艺术创作。

材料用具

自己培养或购买的平菇、香菇等菌类，解剖刀或解剖剪，画笔，各色与孢子颜色反差较大的纸等。

方法步骤

1. 选取一个合适大小的新鲜蘑菇，用解剖刀或解剖剪将菌盖从菌柄上取下来。

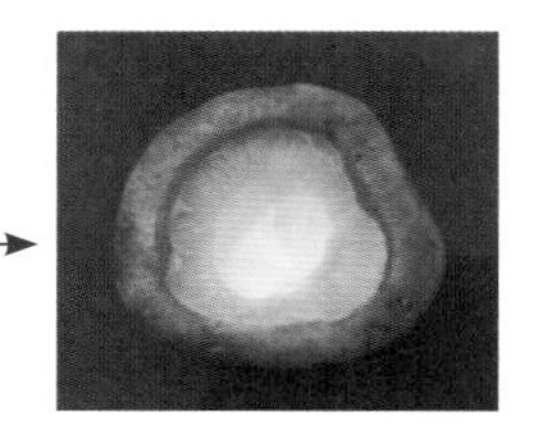

2. 将菌褶朝下平放在彩纸上，置于不通风处，以免散落的孢子被风吹散。

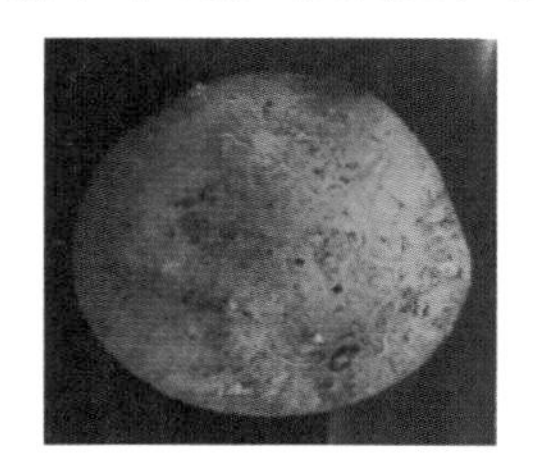

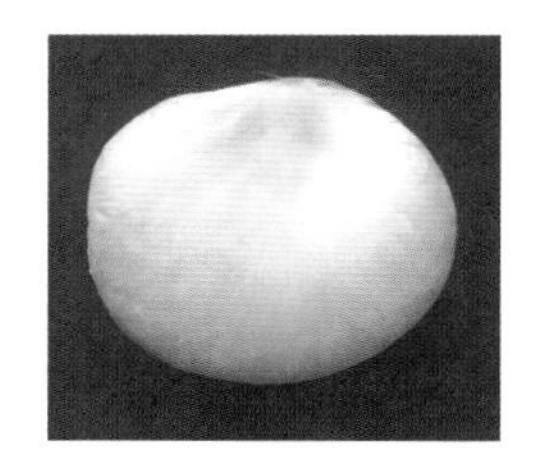

3. 几小时后，拿开菌盖，孢子印就留在纸上了。

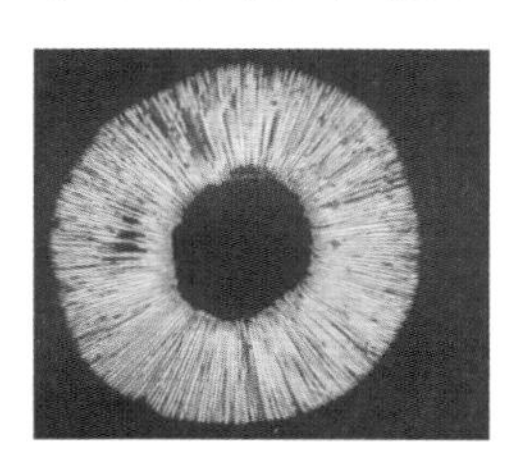

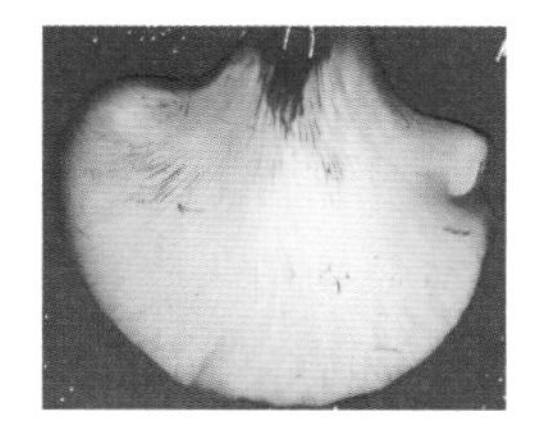

孢子印优秀作品

你观察到山茶花竞相绽放了吗?

你吃到热乎乎的腊八粥了吗？

小寒时节到了……

咏廿四气诗·小寒十二月节

【唐】元稹

小寒连大吕，欢鹊垒新巢。
拾食寻河曲，衔紫绕树梢。
霜鹰近北首，雊雉隐聚茅。
莫怪严凝切，春冬正月交。

节气概述

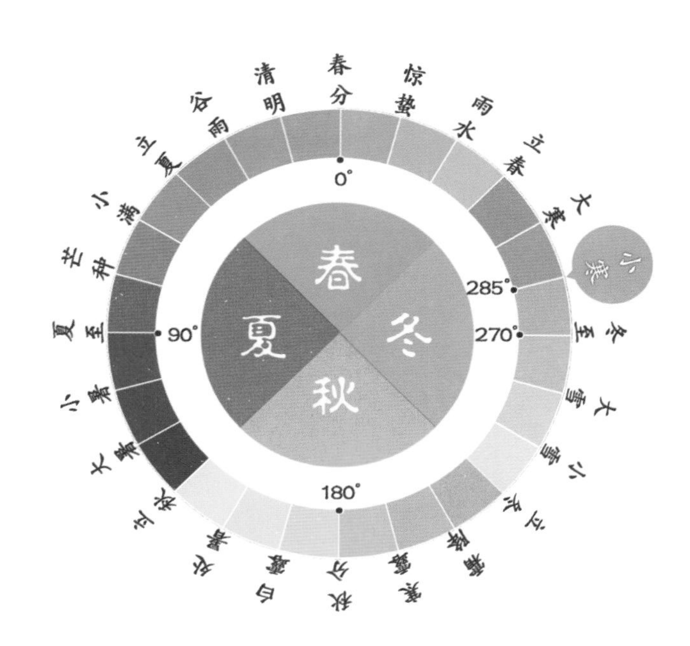

小寒，时间点在 1 月 5—7 日，这时太阳到达黄经 285°。“寒”，冷气积久而寒，这表明我们已经进入一年中的寒冷季节。这个时候北方冷空气不断南下，我国大多数地区都已进入严寒时期，全国平均气温为全年最低，土壤冻结，河流封冻，“数九寒天”中最冷的三九和四九，大部分时间就在小寒节气中。

小寒时节，重庆以阴天天气为主，根据常年（1981—2010 年）气候数据，小寒期间日照时数为全年最少，仅有 16.2 小时。如 2008 年的小寒、大寒（1 月 6 日到 2 月 4 日），阴雨天气持续了 30 天。虽全市平均气温为 6.6 ℃，但由于日照时间短、相对湿度高（82% 左右），人体感觉会尤为寒冷。此时，卷窝菜陆续上市，潼南的油菜也在茁壮成长，山茶花进入盛花期。而一些海拔较高的地区，气温低于 0 ℃，会出现积雪和结冰现象，主城区的歌乐山、缙云山偶有积雪，武隆山上的野蔷薇果子，已经被冰雪覆盖。

卷窝菜　　潼南油菜　　山茶花　　武隆野蔷薇果

走近三候

一候　雁北乡

虽然寒冷的日子还有一段时间，但是此节气之后，气温即将回升。鸟类对气候的变化总是先知先觉，因此，大雁陆续开始准备北飞，还乡繁衍。

二候　鹊始巢

小寒时节，天气寒冷。喜鹊已感知到天气即将转暖，气温回升，所以开始筑巢，为繁育后代做准备。筑巢是鸟类繁殖行为之一，筑巢有利于鸟卵的孵化和幼鸟的抚育。

三候　雉始雊（gòu）

环颈雉（雄）

雉，俗称“野鸡”。广义的雉是指鸡形目雉科鸟类，狭义上的雉是环颈雉。雊，求偶鸣声。小寒节气进入最后 5 天，虽寒冷依旧，但离温暖的春季不远了，雄雉开始鸣叫求偶，为繁育后代早早做准备。

拓展视野

漫谈鸟类的生殖和发育

小寒三候中的“鹊始巢、雉始雊”分别描述了鸟类的筑巢行为和求偶行为。鸟类生殖和发育过程一般要经历求偶、交配、筑巢、产卵、孵卵、育雏等阶段。但也有例外，比如像大杜鹃这种进行巢寄生的鸟类，就不需要筑巢、孵卵、育雏。鸟类生殖和发育的每个阶段都伴随着复杂的繁殖行为。

知识加油站

巢寄生现象

巢寄生是指某些鸟类将卵产在其他鸟类的巢中，由其他鸟类（义亲）代为孵化和育雏的一种特殊的繁殖行为。现在已知有大约5个科，80多种鸟类具有典型的巢寄生行为，占全世界鸟类种数的1%。

鸟类的求偶行为是动物界中最为复杂和多样的。有些鸟类通过炫耀漂亮的羽毛或冠、角、裙、囊等装饰物来求偶，如“孔雀开屏”、雄军舰鸟通过炫耀膨胀的红色鸣囊求偶；有些鸟类通过追逐或是“跳舞”来求偶，如“鸳鸯戏水”“丹顶鹤起舞”、鹰和隼的“婚飞”；有些鸟类通过各种形式的“格斗”，胜利者获得与多只雌鸟交配的机会，如黑琴鸡；有些鸟类通过鸣叫来求偶，如云雀。鸟类通过求偶使占优势者获得交配的机会，有利于鸟类的进化。

军舰鸟求偶

丹顶鹤起舞

黑琴鸡打斗

在生殖过程中绝大多数鸟类会筑巢。为了更好地保护和养育后代，鸟类筑巢地点的选择虽各有不同，但都符合食物丰富、光线充足、有很好的隐蔽性等基本条件。例如把巢筑在屋檐下、高高的树枝上、地面草丛中、石缝或树洞中、悬崖上等。

织布鸟筑巢

以树洞为巢

悬崖边的鸟巢

巢一般为碗状、碟状、囊状，这样的形状，产卵时有利于鸟卵聚在一起，不易滚出；孵卵时有利于鸟卵均匀受热。同时，鸟巢能减缓热量散失，有一定的保温作用，有利于孵卵和育雏。由此可见，筑巢有利于鸟类适应复杂多变的陆地环境。

鸟类通过产卵繁殖后代，不同鸟类的卵大小差距很大。现存鸟类中鸵鸟卵最大，蜂鸟卵最小。

虽然鸟卵大小不一，但是鸟卵的外形具有共同的特点，这对于鸟类适应陆地环境有何益处呢？我们以鸡卵为例来观察探究一下吧。

探究鸡卵外形对陆生生活的适应

目的要求

1. 了解鸡卵的外形。

2. 理解鸟卵的外形特点有利于鸟类适应陆地环境。

材料用具

鸡卵，透明胶带（2个），电子秤。

方法步骤

1. 看一看：

观察鸡卵的外形，指出钝端和尖端。

2. 滚一滚：

在平整的桌面上滚动鸡卵，观察并将鸡卵滚动的路线画下来。

思考：这样的滚动路线对于鸡卵有什么好处呢？

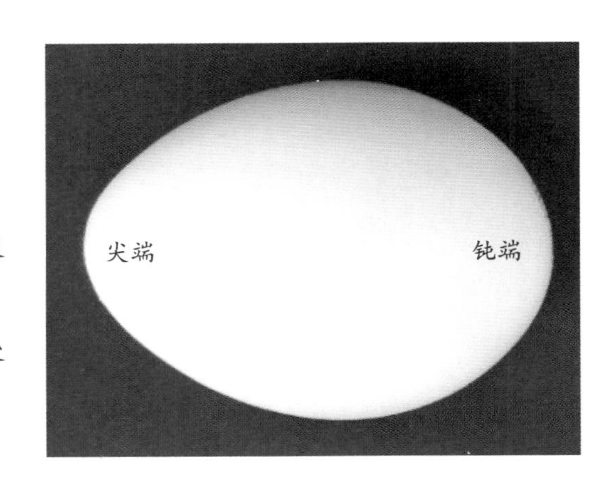

3. 握一握：

将鸡卵紧贴掌心（如右图），用力握一握（注意用力均匀），能否将鸡卵握碎？

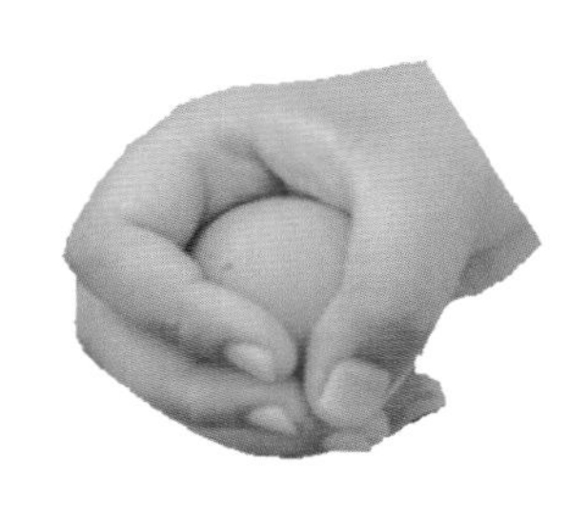

4. 压一压：

按以下步骤操作，鸡卵上放重物，观察鸡卵的承重情况。你也可以记录下鸡卵能承受的最大重量。

实验材料

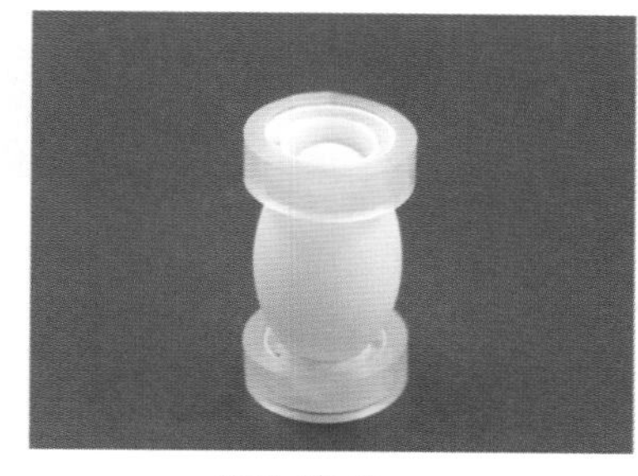

实验装置

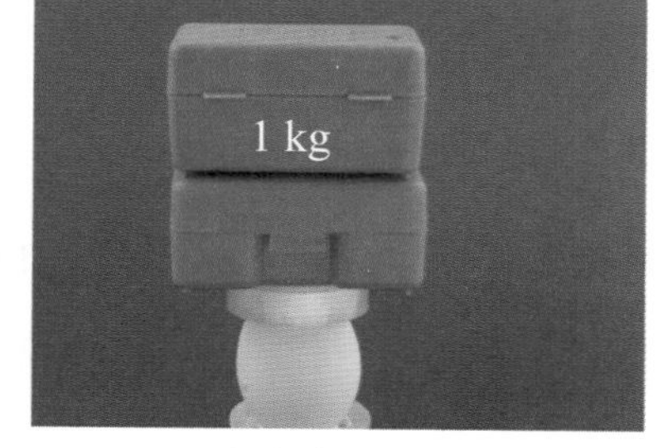

承重实验

思考讨论

鸟卵的外形对于鸟类适应陆地环境有何益处呢？

探究鸡卵外形对陆生生活的适应

鸟卵孵化过后，雏鸟分两类：早成雏和晚成雏。早成雏从卵里孵出来时体表已长有密绒羽，眼已张开，在绒羽干后，就随雌鸟找食，如鸡、鸭、大雁等。晚成雏从鸟卵孵出来时还没充分发育，体表没有或只有很少绒羽，眼不能张开，需要由亲鸟喂养，如喜鹊、鹰等。鸟类的育雏行为有利于提高后代的成活率。

早成雏

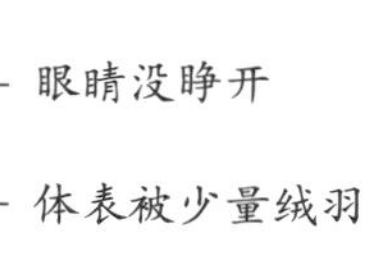

晚成雏

小寒遇腊八

小寒时节，已是农历十二月，也称腊月。农历十二月初八为“腊八节”，我国很多地区都有一些与“腊八节”有关的习俗。在这些各具地方特色的习俗中，煮腊八粥、做腊八蒜是比较有代表性的。

腊八粥不仅是时令美食，更是养生佳品，尤其适合在寒冷的天气里保养脾胃。腊八粥常用的食材有大米、绿豆、花生、红豆、莲子等，辅料有红枣、桂圆、山药、百合、枸杞、薏米、小米等。但由于地域差异，各地腊八粥选用的食材有所不同。请你调查当地煮腊八粥所用的食材有哪些？它们来自植物的果实还是种子，或者属于果实和种子中的哪部分结构呢？

在我国北方，尤其是华北地区，还有腊八节用醋泡大蒜的习俗，叫“腊八蒜”。大家一定很好奇，为什么要用醋来泡大蒜呢？原来食用生大蒜有利于身体健康，尤其是在冬季，但是大蒜生吃过于辛辣，而将大蒜用醋泡制做成腊八蒜，可以减少辛辣之感，更加可口。因此，泡腊八蒜就成为习俗，流传下来。我们来尝试制作腊八蒜吧！

腊八美食——腊八蒜制作

材料用具

紫皮蒜，米醋，保鲜盒。

方法步骤

紫皮蒜剥皮

蒜瓣放入保鲜盒，加米醋浸泡 10 天左右

碧绿的腊八蒜

思考讨论

泡在醋中的蒜最后会变得通体碧绿，如同翡翠。如果你制作的腊八蒜没有变绿，想一想，可能是什么原因呢？有人说只有腊八节泡的蒜才会变绿，难道真是这样吗？请你查阅资料一探究竟吧。

大寒

一钵水仙，迎雪而来，吐露冬的芬芳；
一剪寒梅，傲雪而立，带来春的气息；
过了大寒，又将迎来新的一年。

寒夜

【宋】杜耒

寒夜客来茶当酒，竹炉汤沸火初红。
寻常一样窗前月，才有梅花便不同。

节气概述

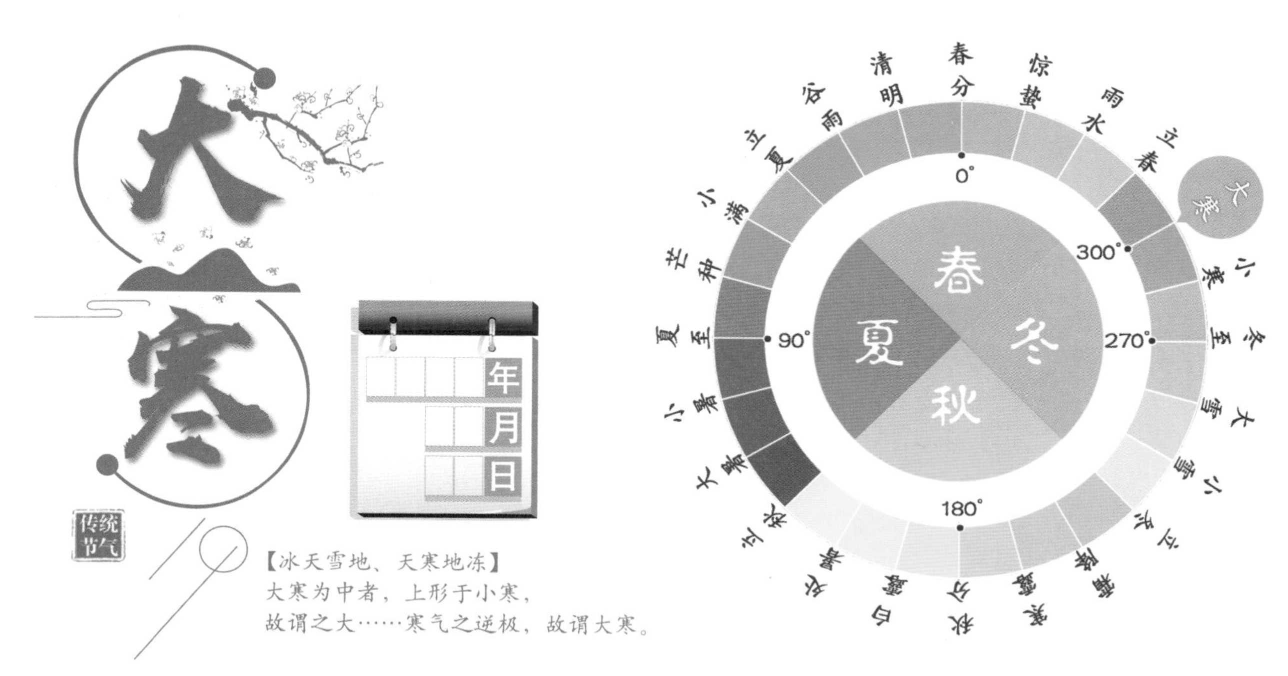

大寒，是二十四节气中的最后一个节气，时间点在 1 月 19—21 日，这时太阳到达黄经 300°。“寒气之逆极，故谓大寒”，意思是大寒的天气寒冷到了极点。此时全国大部分地区依然是冰天雪地、天寒地冻的景象，平均气温在 0 ℃以下。重庆部分区（县）的极端低温也出现在此时，如 1977 年 1 月 30 日：城口 −13.1 ℃、奉节 −9.1 ℃、秀山 −8.5 ℃。但总体而言，重庆气温开始缓慢回升，日照时数也开始逐渐增多。实际上，大寒并非最冷的时候，只是与小寒相对，都是表征天气寒冷程度的节气，过了大寒又将迎来新一年的节气轮回。

“苦寒勿怨天雨雪，雪来遗我明年麦。”9—10 月份播种的冬小麦、油菜、甘蓝等农作物，其苗期必须经过一段时间的低温，才能正常抽穗开花，这个时期称为春化阶段。而且，寒潮带来的低温可以杀死大量潜伏在土中过冬的害虫和病菌，或抑制其滋生，减轻来年的病虫害。重庆地区尽管绝大部分虫鸟冬藏、踪迹难寻，但耐寒的花卉、蔬果等植物还是不少，红梅、白梅历尽苦寒在岁末绽开笑颜，“凌波仙子”水仙也须得大寒时节萌出修长的绿叶，抽出亭亭的花枝，自然生长的冬寒菜、荣昌沙堡萝卜此时最为可口。

红梅花　　水仙花　　冬寒菜　　沙堡萝卜

走近三候

一候　鸡始乳

“鸡始乳”是指鸡开始孵育小鸡，这时候，常观察到母鸡有“抱窝”现象。抱窝是指母鸡张开翅膀伏在鸡卵上，利用自己的体温使鸡卵内的胚胎发育成小鸡，鸡卵经过母鸡 21 天的孵化，就可以变成毛茸茸的小鸡破壳而出。

二候　征鸟厉疾

征鸟，是远飞的鸟，如鹰、隼等猛禽。

大寒节气，很多动物冬藏未出，要捕猎食物需要搜索更宽的领域，因此，鹰、隼等盘旋于空中伺机捕杀猎物，它们的捕食能力较之前更强，否则不足以供给身体抵御严寒所需的能量。

三候　水泽腹坚

水域中的冰一直冻到水中央，最厚最结实。从初冬到隆冬，伴随温度的变化，河湖沼泽等水域的水也有一个变化的过程。由立冬的“水始冰”到此时的“水腹坚”，结冰层的厚度和坚硬度都大大增加。此时，北方可以在结结实实的冰面上开展一些适宜的活动，如滑冰。重庆城口、奉节、秀山、酉阳、武隆、巫溪等高海拔地区地面温度也会降至 0 ℃以下，出现结冰现象，但低温持续时间不长，很难形成厚且硬的冰层。

拓展视野

自然状态下小鸡的孵化过程

自然状态下，鸟类的繁殖具有较强的季节性。鸡是高度驯化的鸟类，母鸡与公鸡交配后，会产下受精卵，只有受精卵才能孵化出小鸡。一般情况下，超市里售卖的来自养鸡场的鸡卵是未受精卵，而农户家散养的鸡群，若公鸡和母鸡的比例达到 1 ：15 以内，所生的鸡卵受精比例就会很高。未受精的鸡卵与受精鸡卵，外观不容易区分，打开卵壳以后，就会看到二者的区别。

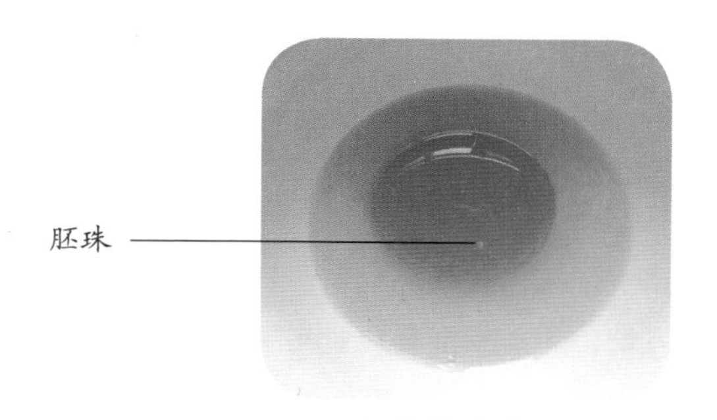

未受精鸡卵

未受精鸡卵的卵黄部分只是一个卵细胞，卵黄膜是细胞膜，卵黄是细胞质，小白点是细胞核，叫胚珠。

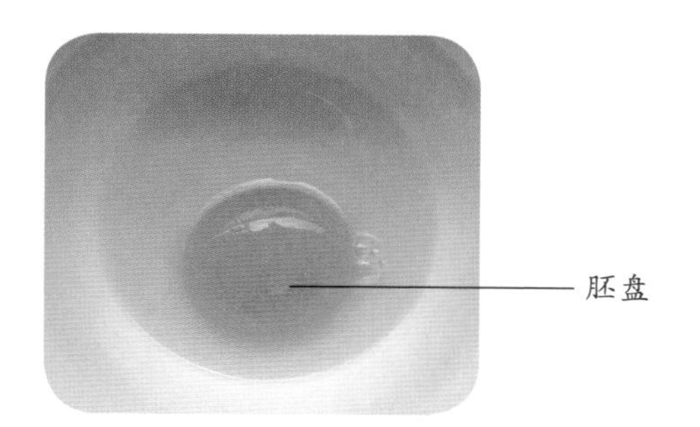

受精鸡卵

受精鸡卵的胚盘处已分化出外胚层和内胚层，大约含有 6 万个胚盘细胞，胚盘明显地大一些，且呈内透明外白色的同心圆环形。

当母鸡产下 20 ~ 30 个鸡卵后，在雌性激素的作用下，就会进入孵卵状态，俗称“抱窝”，表现为不再产卵、常在光线较暗的窝里趴着不动、很少出来吃食和活动，接近它时，毛发竖起，发出咯咯的叫声。

母鸡将鸡卵覆盖在身下，开始孵卵。在母鸡温暖的羽翼下，鸡卵的温度会达到 38 ℃左右，湿度 60%左右。母鸡还会经常用爪、喙翻卵，其意义在于使胚胎受热均匀，避免胚胎与壳膜粘连而死亡。为保证胚胎的温度，母鸡一直待在窝里，每天只出窝一次，匆匆吃食和排便，大约 5 分钟后又钻进窝里继续孵卵。

21 天左右，小鸡破壳而出，刚出壳的小鸡浑身湿漉漉的，需要母鸡用体温焐干它的绒毛。雏鸡能够站立以后，钻出来好奇地打量外面的世界。但因产热不足，非常怕冷，所以很快又躲进鸡妈妈温暖的羽翼下，偶尔出来瞧一瞧。小鸡孵出 15 天左右，开始随鸡妈妈外出觅食，彼时已是雨水节气，随着天气变暖，小虫等食物越来越丰富，日照时间也越来越长，小鸡骨骼等各方面的发育都呈现出良好态势。所以在自然状态下，母鸡往往在大寒节气开始孵化小鸡。

见证小鸡的诞生——人工孵化鸡卵

目的要求

1. 观察记录小鸡孵化的过程。

2. 了解鸡卵在孵化过程中的质量变化。

小鸡孵化过程

材料用具

受精卵 6 个以上，家庭自动孵化器（恒温、恒湿、可自动翻蛋和换气），电子秤。

孵化条件

1. 温度：前期（1 ~ 18 天）37.8 ℃，后期（19 天之后）37.2 ℃左右。

2. 湿度：前期 60%左右，后期 65%～ 70%。

3. 翻蛋：一般每 2 小时翻一次，否则胚胎会与卵壳粘连。

4. 通风换气：供给胚胎发育所需的氧气，排出二氧化碳。

方法步骤

1. 选取 6 个以上受精卵，编号后钝端朝上放入孵化器的蛋架，底盘加适量水。

2. 接通电源，孵化器第一行显示实际温度、湿度和翻蛋次数，第二行为自动设定的标准温度、湿度和孵化天数，尽量使第一行与第二行的温度和湿度一致。

步骤 1

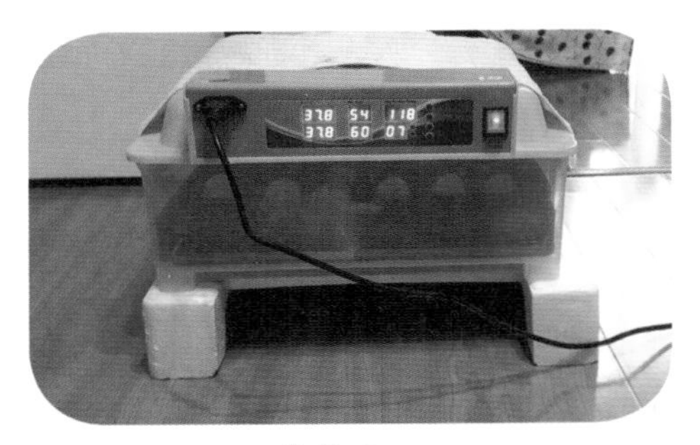

步骤 2

3. 第 5 天用照蛋器在暗处照蛋，若见胚胎长出血管和眼点，状如“小蜘蛛”，则为正常发育的胚胎；若依旧透亮，则为无精蛋或死胎蛋，要剔出来。

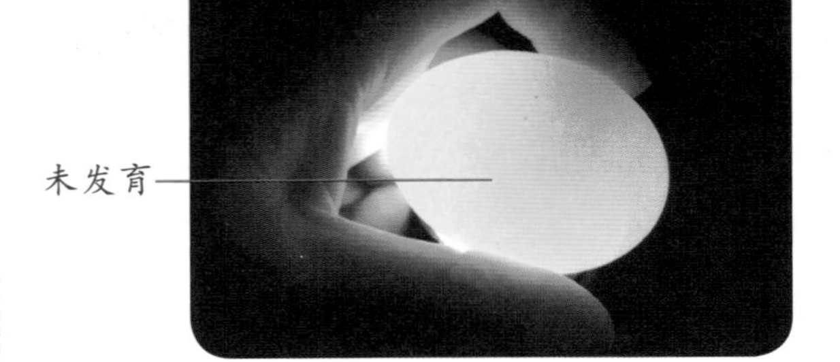

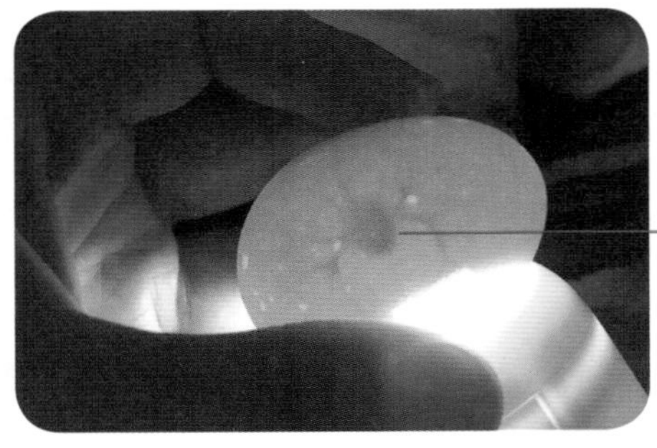

4. 第 18 天，不再翻蛋，把蛋从蛋架上取下来放在隔板上，叫“落盘”。此时照蛋，可见气室明显增大，且向一方倾斜，其余部分黑漆漆一片，胚胎已经长出羽毛和喙。

5. 第 19 天，可以把鸡蛋放进 39 ℃左右温水里面（时间不宜过长，10 分钟左右），俗称“踩水”。发育正常的胚胎就会浮在水面一动一动的，沉下去的蛋就说明胚胎已经死亡。“踩水”有助

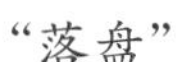
“落盘”

气室倾斜

踩水

小鸡出壳

于蛋壳变软、利于小鸡破壳。

6. 第 20 天，可以听到小鸡在壳内的叫声，照蛋时可明显看见小鸡的喙，俗称“起嘴”。小鸡的喙穿破壳膜伸入气室进行肺呼吸。

7. 第 21 天，小鸡用喙啄破钝端的蛋壳一圈，然后顶开壳帽挣扎着爬出来。这个过程非常耗时，至少需要 4 ～ 6 小时。但是一定不要人工帮它破壳，否则会严重影响小鸡最后阶段的发育，导致雏鸡夭折。

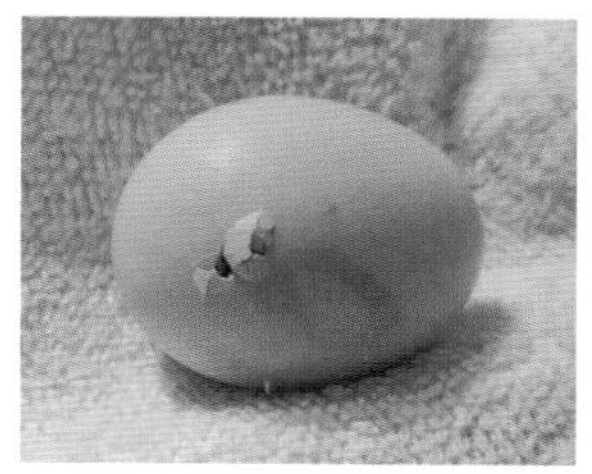  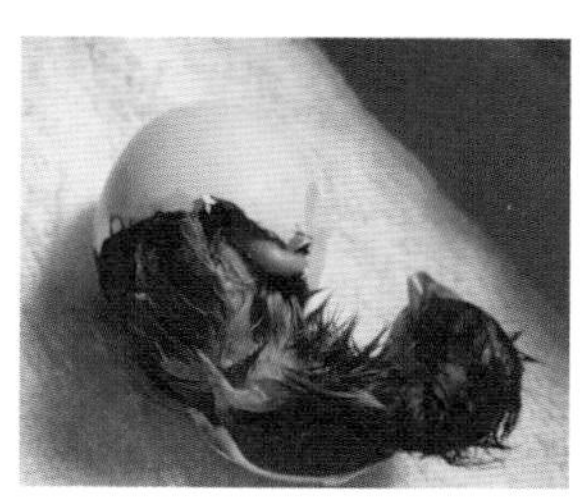 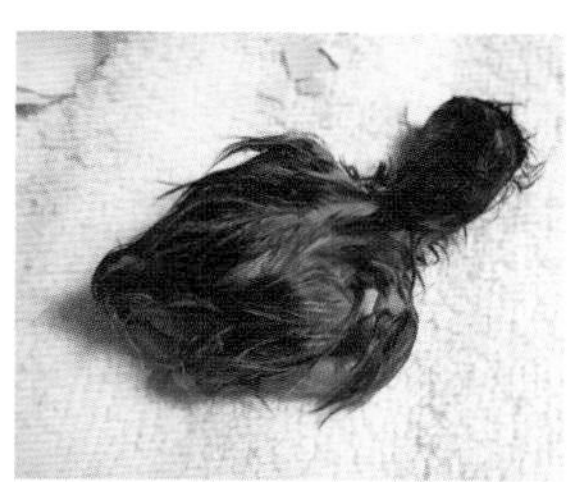

8. 出壳以后的雏鸡需要继续在保温箱里待 15 天以上。出壳 24 小时内接种疫苗，只供水，一天以后可喂雏鸡饲料。

观察结果，得出结论

1. 记录鸡卵孵化过程中的质量变化，填在下表中，然后转换成柱形图，并且分析原因。

鸡卵序号与质量（g）	1 号	2 号	3 号	4 号	5 号	6 号	平均质量
第 1 天							
第 3 天							
第 7 天							
第 14 天							
第 20 天							

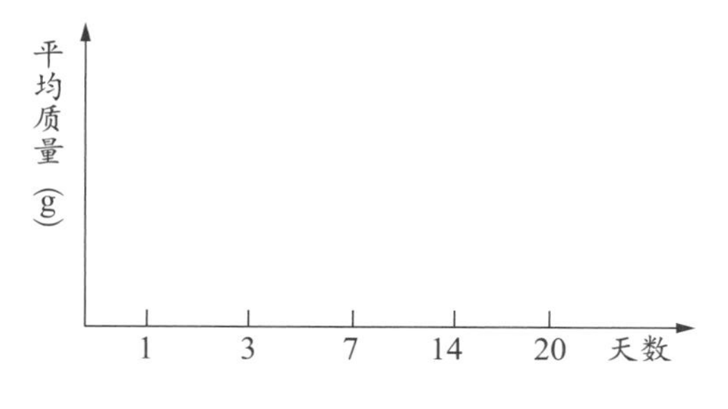

实验结论：

鸡卵质量逐渐__________________，

可能是因为____________________。

2. 孵化过程中你发现了哪些有趣的现象？遇到了怎样的困难？积累了什么经验？把孵小鸡的照片和记录做成 PPT 和视频，与同学们分享其中的体会吧！

参考文献

百度百科，2018. 荷花效应 [DB/OL].https：//baike.baidu.com/item/ 莲花效应 /3702289?fr=aladdin，2018-04-23.
北碚区信息中心编写组，2013. 首届中国（静观）蜡梅产业发展高峰论坛在我区举行 [EB/OL].http：//www. beibei.gov.cn/Item/20622.aspx，2013-01-15.
董学玉，肖克之，2012. 二十四节气 [M]. 北京：中国农业出版社 .
窦国祥，窦勇，2005. 龙眼肉（十大名中药丛书）[M]. 天津：天津科学技术出版社 .
高春香，邵敏，2015. 这就是二十四节气 [M]. 北京：海豚出版社 .
高迎，2014. 切花菊染色技术研究 [D]. 南京：南京农业大学 .
耿玉韬，1991. 果树的单性结实 [J]. 福建果树，(1)：1-6.
颜昌栋，1955. 青蛙与蟾蜍 [J]. 生物学通报，（11）：17-23.
郭家良，刘雪华，杨萍，等，2015. 豆雁在中国的春季迁徙路线及迁徙停歇地 [J]. 动物学杂志，50(2)：288-293.
国馆，2018. 图说二十四节气 [M]. 武汉：长江文艺出版社，
韩发，岳向国，师生波，等，2005. 青藏高原几种高寒植物的抗寒生理特性 [J]. 西北植物学报，25（12）：2502-2509.
何玉会，徐大伟，杜佳朋，2013. 几种染色剂对玫瑰切花染色效果的影响 [J]. 江西现代园艺，(9)：5-8.
呼永华，2018. 蒲公英的抗癌机理研究 [J]. 西部中医药，31(1)：132-133.
胡凤艳，2016. 菊科的短日照处理 [J]. 园艺种业，65.
胡玉华，2017. 基于核心素养的初中生物课堂教学改进探讨 [J]. 课程教材教法，37（8）：69-73.
黄晓昆，黄晓冬，2007. 5 种食用色素对百合切花的染色效应 [J]. 亚热带期植物科学，36(3)：43-45.
《家庭书架》编委会，2013. 二十四节气全书 [M]. 海口：南海出版社 .
金宁，彭博，朱强，2016. 看图识野花 [M]. 南京：江苏凤凰科学技术出版社 .
李景华，2011. 蒲公英属植物研究进展 [J]. 吉林医药学院学报，32(3)：160-166.
李敏，宋鼎，2015. 西南野外观花手册 [M]. 郑州：河南科学技术出版社 .
李敏，2008. 中国植物图像库 [OB/OL].http：//www.plantphoto.cn/.
李妍，徐微，2017. 蒲公英多糖提取工艺的研究进展 [J]. 畜牧与饲料科学，38(2)：60-61.
李志敏，2016. 二十四节气养生经 [M]. 天津：天津科学技术出版社 .
刘学刚，2017. 中国时间：二十四节气 [M]. 沈阳：沈阳出版社 .
卢存福，1998. 高山植物的抗寒抗冻特性 [J]. 植物学通报，15（3）：17-22.
鲁长虎，2002. 星鸦的贮食行为及其对红松种子的传播作用 [J]. 动物学报，48(3)：317-321.
鲁长虎，吴建平，1997. 鸟类的贮食行为及研究 [J]. 动物学杂志，32(5)：48-51.
罗述金，2010. 中国虎的概况 [J]. 生物学通报，45(1)：1-5.

（美）洛伊斯 •N• 玛格纳，2012. 生命科学史 [M]. 刘学礼，译 . 上海：上海人民出版社 .
马炜梁，2005. 植物的感夜性 [J]. 生物学教学，30(11)：77.
彭淑贞，2009. 从别朵向日葵谈授粉机制 [EB/OL]，2009-08-13.
彭淑贞，2009. 龙眼开花结果 [EB/OL]，2009-05-31.
彭淑贞，2009. 向日葵花图解 (1)[EB/OL]，2009-08-12.
全智，2004. 身边的植物学 [M]. 北京：中国林业出版社 .
任海云，1995. 植物的感性运动 [J]. 生物学通报，30(9)：30-32.
申斯乐，2001. 孟德尔与《植物杂交实验》[M]. 北京：中国少年儿童出版社 .
宋英杰，2017. 二十四节气志 [M]. 北京：中信出版集团股份有限公司 .
唐美霞，2015. 蒲公英利用现状及开发前景的探讨 [J]. 青海草业，24(1)：39-43.
豌豆 sir 团队，2018. 从豌豆实验到精准医疗 [M]. 北京：人民邮电出版社 .
王辰，2015. 桃之夭夭——花影间的曼妙旅程 [M]. 北京：商务印书馆 .
王辰，2015. 野草离离——角落里的绿色诗篇 [M]. 北京：商务印书馆 .
王大钧，方永熙，1999. 室内盆栽花卉 [M]. 上海：上海科学技术出版社 .
王凤祥，王月娥，王雅芳，等，2007. 菊花的繁殖方法 [J]. 内蒙古农业科技，(3)：104.
王金洛，宋维平，2014. 规模化养鸡新技术 [M]. 北京：中国农业出版社 .
王明强，2016. 中国传统二十四节气 [M]. 南京：江苏凤凰科技出版社 .
王秋亚，2016. 蒲公英有效成分的提取及应用研究进展 [J]. 江苏农业科学，44(8)：21-23.
王伟元，2017. 初中生物学教材中的“结构与功能相适应”实例分析 [J]. 文理导航，（266）：57.
王修筑，2012. 中华二十四节气 [M]. 北京：气象出版社 .
王宇捷，2018. 荷叶效应及其在生活中的应用 . 当代化工研究 [J/OL]，2018-09-10.
王志华，李彦知，杨建宇，2012. 杨建宇二十四节气养生歌赏析十五——立秋养生 [J]. 中国中医药现代远程教，(8)：91-92.
吴国芳，冯志坚，马炜梁，等，1992. 植物学（下册）[M]. 北京：高等教育出版社 .
奚长海，李东来，张雷，等，2015. 食物和季节因素对杂食山雀贮食行为的影响 [J]. 生态学报，35(15)：5026-5031.
肖方林，林峻，李迪强，等，2014. 野生动植物标本制作 [M]. 北京：科学出版社 .
熊富良，吴珊珊，2016. 蒲公英抗肿瘤活性的研究进展 [J]. 中国药师，19(7)：1363-1365.
徐晔春，2011. 观花植物 1000 种经典图鉴 [M]. 长春：吉林科学技术出版社 .
许秋汉，2018. 雕出年味 [J]. 博物，（2）：12-15.
许彦来，2013. 二十四节气知识 [M]. 天津：天津科学技术出版社 .
杨芳绒，陈文超，杨凯亮，等，1997. 温度变化对牡丹花期影响的研究 [J]. 河南科学，(3)：78-81.
一方伊人，2018. 关于绣球那些事 [J]. 花木盆景（花卉园艺），(08)：26-31.
余世存，2017. 时间之书 [M]. 北京：中国友谊出版公司 .
袁晓琴，2012. 蜡梅扦插繁殖技术研究 [J]. 现代农业科技，12（12）.
臧延青，何飞，2017. 野生蒲公英花多酚的提取和体外抗氧化活性研究 [J]. 黑龙江八一农垦大学学报，29(4)：62-66.

沢典夫，2017. 画说小米•稗子•黄米 [M]. 北京：中国农业出版社 .
曾申军，2006. 蜡梅快速繁育技术 [J]. 安徽农学通报，12（7）：78.
曾湘敏 . 别样的牡丹 [EB/OL]，2015-03-31.
张凤云，2014. 植物睡眠运动的理论和生物学意义 [J]. 生物学教学，39(9)：7-8.
张家瑞，杨姗，2005. 重庆市北碚区蜡梅产开发利业化用考思 [J]. 西南园艺，（04）.
张巍巍，李元胜，2011. 中国昆虫生态大图鉴 [M]. 重庆：重庆大学出版社 .
张晓青，韩琪，魏国平，等，2016. 菊科几种野菜的营养价值与种植技术 [J]. 江苏农业科学，44(3)：174-176.
章振东，2017. 大地上的劳作 [M]. 桂林：广西师范大学出版社 .
赵吉金，张会文，李红斌，2017. 家禽规模养殖与养殖场经营 [M]. 北京：中国农业科学技术出版社 .
郑光美，贾陈喜，2014. 鸟类 [M]. 南京：江苏凤凰科学技术出版社 .
郑光美，2012. 鸟类学 [M]. 北京：北京师范大学出版社 .
稚子文化，2017. 神奇的二十四节气•秋 [M]. 北京：中国纺织出版社 .
稚子文化，2017. 神奇的二十四节气•夏 [M]. 北京：中国纺织出版社 .
中国科学院《中国植物志》编委会 . 中国植物志 [OB/OL].http：//frps.eflora.cn/，1959-2004.
中国科学院中国植物志编辑委员会，2004. 中国植物志 [M]. 北京：科学出版社 .
周杰，2009. 关于中国菊花起源的若干实验研究 [D]. 北京：北京林业大学 .
朱爱朝，2017. 时节之美——朱爱朝给孩子讲二十四节气 [M]. 天津：百花文艺出版社 .
朱正威，赵占良，2007. 生物 1 必修分子与细胞 [M]. 北京：人民教育出版社 .
朱正威，赵占良，2007. 生物 1 选修生物技术实践 [M]. 北京：人民教育出版社 .
朱正威，赵占良，2007. 生物 2 必修遗传与进化 [M]. 北京：人民教育出版社 .
朱正威，赵占良，2013. 生物学八年级上册 [M]. 北京：人民教育出版社 .
朱正威，赵占良，2013. 生物学八年级下册 [M]. 北京：人民教育出版社 .
朱正威，赵占良，2012. 生物学七年级上册 [M]. 北京：人民教育出版社 .
朱正威，赵占良，2013. 生物学七年级下册 [M]. 北京：人民教育出版社 .

图片贡献者

以下数字代表页码-图号，如1-1代表第1页第1个图。每页的图按从左至右，从上至下的顺序计数。

视觉中国：1-1，3-3，4-2，4-3，13-3，13-6，14-1，14-3，14-5，14-7，18-5，19-1，21-4，23-3，24-3，34-1，40-1，45-1，47-1，48-2，48-3，52-3，52-4，53-1，55-4，56-1，57-2，57-3，58-1，60-1，60-3，61-1，64-2，68-1，69-1，74-3，75-6，88-1，88-2，96-3，99-1，101-4，105-1，107-3，107-4，108-3，110-1，110-3，110-4，113-1，115-1，116-1，116-2，116-3，117-1，117-2，117-3，123-4，124-2，124-3，125-3，125-4，126-1，126-5，128-2，128-3，128-4，132-1，133-4，140-2，143-1，146-2，146-4，151-1，153-3，154-1，154-2，154-3，156-1，159-1，161-1，169-1，169-2，169-4，170-1，170-2，170-3，171-1，171-2，172-2，174-1，178-1，179-2，179-3，179-4，179-6，179-7，181-5

全景网：11-3，12-1，12-2，13-1，13-2，13-4，13-5，31-1，37-1，38-1，39-4，40-4，44-2，49-4，51-2，55-2，58-2，60-2，67-3，71-3，72-3，72-4，74-2，76-6，79-4，96-1，97-1，97-2，97-4，101-2，102-1，102-2，107-1，110-2，115-2，117-4，117-5，117-6，117-7，131-4，132-2，140-1，140-3，140-4，140-5，140-6，147-2，147-4，147-5，147-6，148-5，153-4，162-1，167-1，169-3，180-1，181-6，183-1，186-1，186-3，187-3，187-4

Veer 网：3-1，9-1，11-2，12-3，14-6，22-2，22-3，29-2，30-1，30-2，30-3，32-1，32-3，38-3，47-3，47-4，48-1，51-4，56-3，58-4，58-5，73-1，73-6，76-4，76-5，80-1，80-2，88-3，96-2，98-6，103-1，115-3，115-4，123-1，123-3，124-1，138-1，147-7，155-3，155-4，155-5，162-2，162-4，163-2，166-5，179-1

中国图库：4-1，14-8，18-1，18-2，18-3，22-4，23-1，24-1，27-1，29-1，32-4，31-2，37-4，38-2，39-2，39-3，40-3，44-1，51-1，64-1，64-3，71-1，71-4，72-2，73-2，73-3，73-4，73-5，73-7，76-1，76-2，79-1，79-2，79-3，95-4，108-1，126-4，146-1，146-3，178-2，179-5，185-3

暴躁番茄实验室　钟燕川：1-2，6-1，6-4，7-表中图，9-2，19-2，27-2，35-2，45-2，53-2，61-2，66-1，66-4，69-2，77-2，85-2，93-2，99-2，105-2，111-1，111-2，113-2，121-2，129-2，135-2，143-2，151-2，159-2，167-2，175-2，183-2，封面插图

汇图网：24-2，56-2，57-1，57-4，82-1，82-2，82-3，83-1，175-1，177-3，182-1

锐景创意：14-2，14-4，18-4，18-6，18-7，47-2，186-2

拍信图库：76-3，178-3

图片贡献者还有刘慧琪，郭宇光，张爱萍，王思政，肖祖讯，甘江莺，胡华桦，张玉菱，刘欢，钟娟，罗孟，韩莉，徐静，张芙蓉，李毅，袁小渝，陆珊，唐晓梅，吴涤，王婧，向敏，陶永平，王傲立，周心渝，陈小刚，包春莹，宗士堃，方嘉，瞿明斌，刘双娥，谭永忠，刘艺博，程宝冀，贾毅萍，冉小军，郑茈月，曾丽霖，周晓庆，曾湘敏，周鹊虹，杜彦，彭艳，陆遥，左耽，李平，李水兰，魏鑫，罗玉萍，刘艳华，郑宵阳，黄东等，在此一并表示感谢！